**Das Wort, das Spiel, das Bild**

v/dlf
Hochschulverlag AG an der ETH Zürich

Springer Fachmedien Wiesbaden GmbH

Peter Jenny

ETH Zürich und Bauhaus Dessau

# DAS WORT, DAS SPIEL, DAS BILD

Unterrichtsmethoden für die Gestaltung
von Wahrnehmungsprozessen

Softcover reprint of the hardcover 1st edition 1996

Buchgestaltung:
Professur für bildnerisches Gestalten
Prof. Peter Jenny
Thomas Kissling

Die Deutsche Bibliothek – CIP-Einheitsaufnahme

Jenny, Peter:
Das Wort, das Spiel, das Bild:
Unterrichtsmethoden für die Gestaltung
von Wahrnehmungsprozessen / Peter Jenny. –
Zürich: vdf, Hochsch.-Verl. an der ETH;
Stuttgart: Teubner; 1996

ISBN 978-3-322-96363-5 ISBN 978-3-322-96362-8 (eBook)
DOI 10.1007/978-3-322-96362-8

# Inhalt

# Nicht das Objekt, der Mensch ist das Ziel

*Notizen zur gestaltungspädagogischen Konzeption von Peter Jenny*

Vorwort von Rainer K. Wick

Mit zu den zentralen Fragen ästhetischer Erziehung gehören jene, die sich mit Sinn und Zweck, Zielen und Inhalten, Möglichkeiten und Grenzen von Hochschulveranstaltungen befassen, die unter Stichworten wie «Vorkurs», «Grundlehre» oder «Grundlagen der Gestaltung» bekannt sind. Die Diskussion dieser Fragen erfolgt in aller Regel nicht im Rampenlicht der Öffentlichkeit, sondern unter Experten und im Schatten der sogenannten grossen Debatten. Peter Jenny, Professor für Grundlagen der bildnerischen Gestaltung an der Architekturabteilung der ETH Zürich, hat sich mit dem angedeuteten Schattendasein nie abgefunden. Immer hat er die öffentliche Auseinandersetzung gesucht, indem er mit Ausstellungen und sie begleitenden Katalog- und Buchveröffentlichungen die Diskussion um die Frage danach, was denn die Grundlagen des bildnerischen Gestaltens seien und wie sie sich pädagogisch vermitteln liessen, in Gang gehalten oder neu angefacht hat. Dies in entschiedenem Gegensatz zu all jenen, die meinten und meinen, die Grundlagen der Gestaltung seien «Schnee von gestern», «aufgewärmtes Bauhaus», «unzeitgemässer Formalismus», «emanzipationsfeindliche Dressur» oder wie auch immer ihr kritisches Vokabular lautet. Derartigen Verdikten – nicht selten das Resultat einer unheilvollen Allianz von Ignoranz und Arroganz – stehen in dieser Dokumentation als positive Leistungsbilanz Studentenarbeiten gegenüber, die im Rahmen eines mehrwöchigen, intermedial konzipierten Grundkurses von Peter Jenny am Dessauer Bauhaus im Oktober 1992 und 1994 entstanden sind.

Nicht eine paraphrasierende Kommentierung der abgebildeten Arbeiten oder eine Analyse der dazugehörigen Aufgabenstellungen ist das Ziel der folgenden Ausführungen. Unabhängig vom dargebotenen Material (beziehungsweise in nur lockerem Bezug dazu) soll im folgenden in knappen Umrissen skizziert werden, was Peter Jenny mit «Grundlagen des bildnerischen Gestaltens» meint.

Obwohl seine Einstellung zum historischen Bauhaus durch kritische Distanz gekennzeichnet ist, kann es kein Zufall sein, dass sich Jenny seit einigen Jahren mit grossem Eifer gerade am Bauhaus Dessau (und nicht anderswo) als Gastdozent engagiert und dass er kaum eine Gelegenheit auslässt, sich zum Bauhaus-Erbe zu bekennen. So spricht er etwa von einem «Vorbild, dessen Suggestivität ungebrochen»[1] und von einer Tradition, ohne die sein eigener heutiger Grundkurs – wenn auch grundsätzlich gewandelt – nicht denkbar sei.[2]

Je mehr wir uns auf der Zeitachse auf das Ende des 20. Jahrhunderts zubewegen, um so dichter scheint inzwischen der Nebel der Mystifikationen, der das Bauhaus umgibt. Obwohl die Bauhaus-Forschung in den letzten Jahrzehnten enorme Fortschritte gemacht und zur rationalen Aufklärung Entscheidendes beigetragen hat, ist der Bauhaus-Mythos inzwischen in eine Dimension geraten, die mit den geschichtlichen Tatsachen kaum in Einklang zu bringen ist. So wird das Bauhaus heute von einer stetig anwachsenden Gemeinde weihrauchschwenkender Bewunderer geradezu als kultureller Fetisch verehrt, wird es als Lifestyle-Symbol identifiziert und – was einigermassen fatal ist – unkritisch als gültige Messlatte für die Gegenwart hingestellt. War diese Schule mit dem ausdrücklichen Anspruch angetreten, aus der Erstarrung des Akademismus zu befreien und durch unkonventionelle Vorgehensweisen das Neue zu ermöglichen, so bemerken wir heute, dass aus falschem Respekt vor historischen Autoritäten, möglicherweise aber auch aus Denkbequemlichkeit oder Ideenlosigkeit, einzelne Lehrprogramme oder -methoden des Bauhauses immer und immer repetiert werden und damit – ganz entgegen der genuinen Bestimmung der Bauhaus-Pädagogik – selbst längst dem Akademismus anheimgefallen sind.

Dass dies für die gestaltungspädagogische Arbeit von Peter Jenny nicht zutrifft, macht die vorliegende Dokumentation unmittelbar evident. Jenny ist ein Querdenker im positiven Sinne, ein Mann, dem Widerspruch wichtiger ist als Anpassung, der Gewohntes gegen den Strich bürstet und dem es gelingt, über den gezielten Regelbruch, über die Störung von Sehkonventionen, über den provozierten Fehler akademischer Routine zu entrinnen. Das geht so weit, dass er die zunächst überraschende These vertritt, dass die Kunst für die Ausbildung von Kunstschaffenden, denen er die Architekten ohne Zögern zurechnet, möglicherweise am allerwenigsten geeignet sei.[3] Nur in der Überwindung eines zu engen bzw. einengenden Bezugs zur Kunst sieht er eine Chance für eine umfassende ästhetische Grundbildung. Ebenso bricht er mit dem Künstler- und Geniemythos des 19. Jahrhunderts, der immer noch in den Köpfen mancher Zeitgenossen herumspukt, indem er die These vertritt, dass der Erwerb der Grundlagen des Bildnerischen nicht talentabhängig sei und dass – hier klingt der erweiterte Kunstbegriff von Joseph Beuys durch – jeder Mensch künstlerisch sei, «der sich um Freiheit, Kreativität und Zusammenhänge kümmert»[4]. Kunst also nicht als von der alltäglichen Realität abgehobene ästhetische Leistung, sondern als Haltung, als Erkenntnis- und Gestaltungsweise von Lebenszusammenhängen. Darin liegt, wenn man so will, die utopische Dimension des Grundlagenunterrichts von Peter Jenny – einer Utopie freilich, die nicht, wie am Bauhaus, in ihrem lebens- und gesellschaftsreformerischen Höchstanspruch von vornherein zum Scheitern verurteilt ist, sondern die die Chance in sich birgt, tatsächlich verwirklicht werden zu können. Mit den Maximen von Gropius stimmt Peter Jenny überein, wenn er sagt, Kunst sei nicht lehr- und lernbar, nur setzen beide, Gropius und Jenny, diesen Satz ganz anders fort. So betont Gropius 1919, lehr- und lernbar sei allein das Handwerk, bei Peter Jenny heisst es rund siebzig Jahre später, lern- und lehrbar sei «die Methode, Beziehungen und Differenzen systematisch zu erkennen»[5]. Es ist offensichtlich, dass eine derartige Definition, die ganz allgemein auf das Erkennen von Relationen und Unterschieden abzielt, auf einer ganz anderen Ebene angesiedelt ist als die von Gropius – Niederschlag möglicherweise dessen, was seit geraumer Zeit unter Schlagworten wie «postindustrielle Gesellschaft» oder «postmaterielles Denken» diskutiert wird. Genau hier, also in der Befähigung zur intellektuellen und – mehr noch – zur sinnlichen Erkenntnisfähigkeit, liegt die neue Qualität des Konzepts von Peter Jenny, das sich nicht mit der Einübung handwerklich-technischer Fertigkeiten begnügt. Das heisst nicht, dass in Jennys Grundkurs das manuelle Tun bedeutungslos wäre; wohl aber, dass es – anders als am Bauhaus – nicht in berufsqualifizierender Absicht betrieben wird, sondern situationsorientiert im Sinne der bedarfsweisen Anwendung spezifischer Kulturtechniken. So betont Peter Jenny, dass etwa gemalt und gezeichnet werde, «nicht in erster Linie, um das Handwerk zu üben, sondern um eben dann zu zeichnen, wenn sich dieses Mittel als die richtige Möglichkeit erweist. Derselbe Sachverhalt könnte vielleicht auch mit einem ganz anderen Medium untersucht werden, zum Beispiel mit dem Computer; wenn sich diese Form als angemessener entpuppt, würde eben der Versuch gemacht, in ihr zu dilettieren. Im Grundkurs wird Handwerk von Fall zu Fall benutzt, primär geübt wird die Fähigkeit, zwischen den Medien zu unterscheiden.»[6] Und – so wäre hinzuzufügen – sie zugleich miteinander zu kombinieren, sie zu mischen, mehr noch, sie zu verknüpfen, zu vernetzen.

Ich kenne keine Gestaltungslehre, die nicht für sich beanspruchen würde, elementar zu sein. Fragt man, was dieses Elementare sei, so findet man sich regelmässig auf die sogenannten elementaren Mittel der Gestaltung verwiesen, auf Punkt, Linie und Fläche, auf Körper, Raum, Helligkeit und Farbe, auf Kreis, Quadrat und Dreieck usw. Diese Bausteine der Gestaltung und die Verfahren ihrer Verknüpfung spielen selbstverständlich auch im bildnerischen Gestalten bei Peter Jenny eine grosse Rolle, aber nicht in jenem abstrakt-formalistischen Sinne, wie dies in den traditionellen Gestaltungslehren vorwiegend der Fall ist. So ist Jenny nicht bereit, den von Vertretern der klassischen Avantgarde, insbesondere von einzelnen Konstruktivisten sowie den Repräsentanten der sogenannten konkreten Kunst, vollzogenen Verzicht auf den Zeichencharakter der Gestaltung hinzunehmen; vielmehr versucht er stets, der kommunikativen, also der semantischen wie auch der pragmatischen Dimension ästhetischer Zeichen gerecht zu werden. Was ihn dabei vom Bauhaus unterscheidet, ist die Tatsache, dass er die Fundamente nochmals tiefer legt, indem er bei elementaren menschlichen Sinneserfahrungen, Körperfunktionen und Hirntätigkeiten ansetzt: beim Sehen, Hören, Schmecken, Riechen, Tasten, beim Greifen, Gehen und Sprechen, beim Denken und Erinnern. Immer ist der Mensch Bezugs- beziehungsweise Mittelpunkt seiner Gestaltungslehre, und es gibt in seinem fabelhaften Buch «Die sensuellen Grundlagen der Gestaltung» kaum ein Kapitel, in dem dieser Bezug nicht auch explizit visualisiert wäre.

Der ausdrückliche Bezug zum Menschen als Einheit von Körper, Geist und Seele ist das Leitmotiv, ja das Rückgrat von Peter Jennys Lehrkonzept, so dass es mir nicht ganz abwegig erscheint, hier von einer anthropologisch fundierten bzw. anthropozentrisch konzipierten Gestaltungslehre – im Gegensatz zu den meisten anderen, formalistisch ausgerichteten in der Bauhaus-Nachfolge – zu sprechen. Oder, noch einmal anders formuliert, auf der Suche nach einer Neubestimmung des Elementaren ersetzt Peter Jenny die herkömmliche Objektorientierung durch einen dezidierten Subjektbezug und löst damit ein, was schon Moholy-Nagy am Bauhaus (und später in Chicago) nachdrücklich gefordert hatte, dass nämlich der Mensch und nicht das Objekt das Ziel aller Gestaltung sei. Eine derartige anthropologische Fundierung des bildnerischen Gestaltens muss für jeden Architekten bzw. für jeden, der es werden will, von höchstem Interesse sein, bietet sie doch die Chance, zunächst ganzheitlich sich selbst und seine kreativen Potenzen in einem nicht an Finalitäten gebundenen Arbeits- und Studienzusammenhang zu erfahren, bevor mit einer so verantwortungsvollen Aufgabe wie dem Planen, Entwerfen und Realisieren von Räumen für den Menschen begonnen wird. Das bedeutet aber nichts anderes, als dass die Gestaltungslehre von Peter Jenny nicht auf die Tradierung von Anwendungs- bzw. Verfügungswissen zielt, das angesichts des derzeit stattfindenden rasenden Technologie- und Kulturwandels ohnehin morgen schon veraltet wäre, sondern auf die Bewusstmachung, Differenzierung und Entfaltung des dem Gattungswesen Mensch prinzipiell innewohnenden Gestaltungspotentials.

Im Unterschied zu den traditionellen Bild- und Gestaltungslehren bedient sich Peter Jenny dabei des gesamten Spektrums neuerer ästhetischer Praktiken, vom Action painting über happeningähnliche Ereignisformen, Performance, körpersprachliche Formen der Selbstinszenierung, Benutzung beziehungsweise Erprobung von Kommunikationsobjekten bis hin zum Gebrauch technischer Medien wie Foto, Film, Video und Computer. Dabei geht es nie um die Aneignung spezialisierter Kenntnisse und

Fertigkeiten, sondern darum, sich der verfügbaren ästhetischen Möglichkeiten zu vergewissern und durch mediale Mischungen, durch intermediäre Praktiken, das zu realisieren, was in anderer Weise auch am Bauhaus angestrebt wurde, nämlich Ganzheit. Schon Moholy-Nagy hatte mit Nachdruck gegen fachliche Spezialisierung und den «sektorenhaften Menschen» Front gemacht und durch Nutzung der damals avanciertesten Medien eine umfassende Schulung der Sinne angestrebt.[7] Peter Jenny setzt dieses Programm, das merkwürdigerweise viel seltener rezipiert worden ist als das von Johannes Itten, in der Gegenwart fort – freilich unter veränderten Vorzeichen und befreit von gewissen Perfektionsansprüchen und dogmatischen Fixierungen, wie sie dem Bauhaus keineswegs fremd gewesen sind. Denn Dogmatismus ist etwas, was jeder Schule der Kreativität am allerwenigsten bekommt. Insofern fordert Peter Jenny anstelle vermeintlich fertiger Lösungen und angeblich definitiver Antworten grundsätzlich Offenheit für alles Neue. In seinem Buch «Die sensuellen Grundlagen der Gestaltung» zitiert er den Schriftsteller Friedrich Glauser, und ich könnte mir im Hinblick auf den gestaltungspädagogischen Ansatz von Peter Jenny kaum ein treffenderes Motto denken als dieses: «Wir sind nicht da, Rätsel zu erklären, wir müssen Rätsel erfinden. Die Lösung ist immer irrelevant.»[8] Und in diesem Sinne liessen sich meine Anmerkungen zum gestaltungspädagogischen Ansatz von Peter Jenny mit einem Satz von Theodor W. Adorno abschliessen, der einmal gesagt hat, «es komme darauf an, Dinge zu machen, von denen wir nicht wissen, was sie sind»[9].

[1] Peter Jenny: Die sensuellen Grundlagen der Gestaltung. Texte und Bilder zur Bildung von persönlichen Prozessen der Mitgestaltung, Zürich 1991, S. 214

[2] vgl. Peter Jenny, in: Informationstext «Grundkurs am Bauhaus Dessau», 1992, o.S.

[3] Jenny: Die sensuellen Grundlagen, a.a.O., S. 59

[4] a.a.O.

[5] Jenny: «Grundkurs», a.a.O.

[6] a.a.O.

[7] vgl. dazu insbesondere Laszlo Moholy-Nagy: Von Material zu Architektur, München 1929 (= Bauhausbücher 14)

[8] zit. bei Jenny: Die sensuellen Grundlagen, a.a.O., S. 19

[9] zit. bei: Werk + Zeit 4 (1992), S. 2

Prof. Dr. Rainer Wick ist ordentlicher Professor für Kunst- und Kulturpädagogik
an der Bergischen Universität Gesamthochschule Wuppertal.

## Das Wort, das Spiel, das Bild

Wer Begriffe wie «Grundlagen der Gestaltung» erwähnt, gerät leicht in mystische Regionen bei den Vergleichen, die schlüssig belegen sollten, dass es so etwas wie ein Set von Formen gibt, mit denen alles gestaltet werden kann. Grundelemente heisst das Zauberwort, mit dem die Universalität benennbar wird. ABC, Grammatik, Typologie, Grundformen, Urformen, Gestaltpsychologie (und mit ihr der Anspruch, das Sehen rational zu erklären) sind Willenskundgebungen, die durchaus «Kompass-Eigenschaften» besitzen, aber dennoch nicht real Erde und Wasser (um beim Kompass zu bleiben) ersetzen. Auch das Dreieck, das Quadrat, der Kreis sind noch nicht Bild; die Farben Gelb, Rot, Blau ergeben noch keine Malerei, und die Pyramide, der Würfel, die Kugel, der Zylinder beinhalten noch keine Architektur. In einigen Schriften, Bildern, Objekten und Bauten mögen die einstmals elementar genannten Formen wenigstens ansatzweise vorhanden sein, aber selbst wenn sie nicht weiter reduzierbar sind (siehe Grundfarben) zeigen sie mehr von selbst auferlegter Beschränkung als von einer umfassenden Grammatik der Gestaltung. Magische Züge erhält auch dasjenige, was zuerst

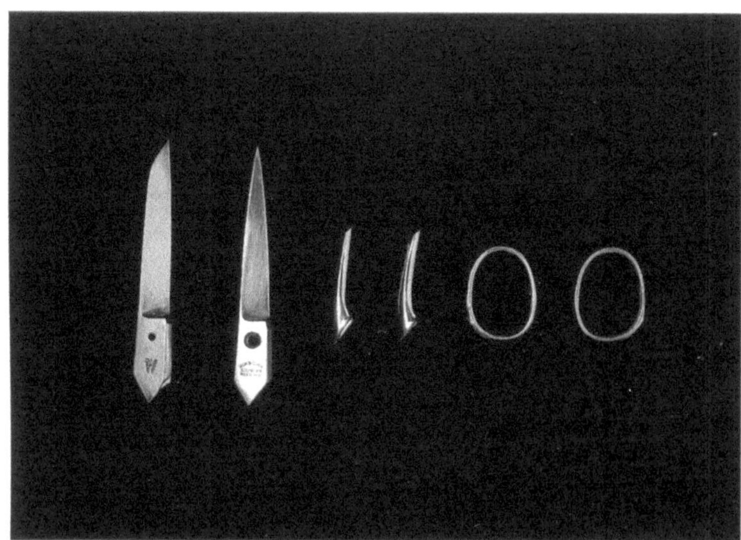

*Den Gegenstand beim Wort nehmen: der Scherenschnitt.* Gedanken suchen immer nach Anschaulichkeit, andererseits überwiegt – sobald Gedanken vermittelt werden – die schriftliche Form der Information. Schreibdenken und Bilddenken einander wieder näherbringen, ist im Computerzeitalter wichtiger denn je.

– vor etwas anderem – da war. Diese Vorstellung wird erwähnt, wenn das Elementare versagt. Das Zuerst wird erst relativierbar, wenn das Rangverlesen in grösserem Umfeld vorgenommen wird. Im Johannes-Evangelium steht geschrieben: «Am Anfang war das Wort.» Das Wort wird dadurch natürlich sehr bedeutungsvoll. Was zuerst war, wird von verschiedenen Autoren auch verschieden dargestellt. Gottlieb Guntern verweist zum Beispiel mit Goethes Faust auf die Tat als aller Anfang hin, während er selbst vermutet, dass das Bild am Beginn stand und damit auch indirekt dem Alten Testament widerspricht, wo geschrieben steht: «Du sollst dir kein Bildnis machen!»

**Ordnung**

Das Nacheinander interessiert in der Gestaltung heute eigentlich weniger als das Simultane, die Verwechslung von Ordnung mit ordentlich wird dadurch erschwert. Das Gleichzeitige, dessen Wechsel und Veränderung nicht zwangsläufig durch das lineare Vorgehen bestimmt wird, weist Parallelen auf mit der Art, wie wir etwas wahrnehmen. Bis jetzt weiss zwar niemand, wie Wahrnehmung in ihrer Komplexität funktioniert, dennoch sind Vorgehensweisen, die der vernetzten Form des Wahrnehmungsprozesses nahekommen, vielversprechender als die linearen Formen, die mehr dem Ordnen, dem Auflisten und Analysieren entsprechen. Gerade der Umstand, dass für den Gestaltungsprozess ein Vergleich gewählt wird, der zur Struktur des Wahrnehmungsprozesses Ähnlichkeiten aufweist, also im Ablauf Unvorhergesehenes zulässt, sorgt für eine Offenheit, die überraschende Lösungen

*Den Gegenstand beim Bild nehmen: die «Zeichnung» einer Tasse im Objekt aufspüren.* Ein Bild ist ein Bild, und ein Gegenstand ist ein Gegenstand. Erst wenn im einen das andere gesucht wird, zeigt sich das Spezifische des Zwei- und Dreidimensionalen.

begünstigt. Wie kann man diese vagabundierende simultane Wahrnehmung nutzen, wenn doch gerade das Ausblenden des Unwesentlichen uns so schwer fällt?

Die Methode, die Sinn macht, resultiert nicht nur aus rational vorbestimmbaren Reaktionen. Das Muster der Entstehung ist in Bewegung und wird möglicherweise erst im nachhinein als logisches Resultat erklärbar. Das unlogische «Durcheinander» kann also sehr wohl die logische Gestalt nach sich ziehen.

**Unordnung**

Kurz nach dem ersten Weltkrieg gab es in Zürich eine kulturelle Bewegung, die von Kunstschaffenden ausgelöst wurde, den Dadaismus. Sprache, Bilder, Tonfragmente fügten sich in Dada-Stücken zu – für die damalige Zeit – unverständlichen Brocken. Der «Unsinn» der Dada-Aufführungen war aber durchaus fähig, Sinn zu stiften, sozusagen dem komplementären Zwang gehorchend. Voraussetzung war natürlich, dass die Zuhörenden und -sehenden zu den sinnstiftenden Menschen gehörten. Heute, wo der Dadaismus längst Allgemeingut geworden ist (man sehe sich nur das Werbefernsehen bewusst an), muss der Zugriff wieder so gestaltet werden, dass Sinn überhaupt möglich wird. Künstlerische Techniken wie Intermedia, dilettantische Unverfrorenheit in der Anwendung neuer Technologien, Intensität und Neugierde anstelle hoher Spezialisierung sind im Grundlagenbereich des bildnerischen Gestaltens sehr wichtig, weil gerade hier jene Verständigungshilfen, Arbeitstechniken und

*Der Krug geht zum Brunnen bis er spricht.* Der Gegenstand erklärt sich selbst, indem er zu seinen ursprünglichen Funktionen einen Gegen-Stand bildet. Aus dem Milchkrug wird ein Lichtkrug.

Denkmethoden zu fördern sind, die zwischen Spezialisierten und Nichtspezialisierten produktiv vermitteln. Künstlerische Techniken nicht um Wände zu dekorieren, sondern um mitzuarbeiten an den Problemlösungen unserer Gesellschaft. Vieles, was als Kunst sehr fremd anmutet, tritt Jahrzehnte später in den Dienst von Wissenschaft und Wirtschaft. Der bereits erwähnte Dadaismus zum Beispiel erlebte unter ganz anderem Titel fünfzig Jahre später eine angewandte Form im Brainstorming, ohne jeden Hinweis auf diese Verwandtschaft oder darauf, wo denn eigentlich einst diese Form gefunden und praktiziert wurde. Dieses Geflecht in Gesprächsform für das gemeinsame Projektieren erlaubte es den Beteiligten, auch den grössten Unsinn innerhalb der Problemlösungssuche auszusprechen. Die Hoffnung dabei war aber natürlich, auf diesem Wege die überraschend neue und sinnvolle Lösung zu finden, um der überall lauernden Konkurrenz zuvorzukommen.

Brainstorming wich neuen Hoffnungsträgern, deren Geburtsorte ebenfalls nicht einfach vorbestimmt sind. Sie können sehr wohl innerhalb der Kunst, der Wirtschaft oder der Wissenschaft sein. Voraussetzung dazu bleibt allerdings genügend Egoismus bei den Beteiligten, um von den «anderen» zu lernen und für das Bessere eine Akzeptanz zu entwickeln.

Spricht dies gegen das Elementare? Wohl kaum – jedenfalls dann nicht, wenn wir, wie gesagt, die Erklärung nicht mit der Sache selbst verwechseln. Das Schicksal all jener, die sich mit elementaren Grundlagen des Zweidimensionalen, des Dreidimensionalen, des Lehrens und des Lernens beschäftigten (ich denke dabei an Vitruv, Jean-Jacques Rousseau, Johann Heinrich Pestalozzi, Fried-

*Erstens, zweitens, drittens, viertens...* Nicht «der» springende Punkt bildet die Gestalt, sondern die springenden Punkte. Verschiedene Wahrheiten spielerisch formulieren – Punkt für Punkt.

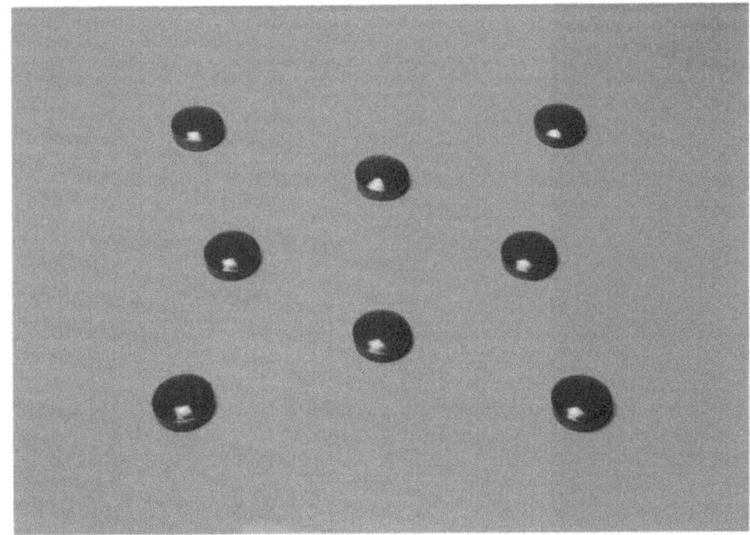

rich Froebel, Maria Montessori, Johannes Itten, Wassily Kandinsky, Josef Albers, Laszlo Moholy-Nagy, Le Corbusier), liegt bereits in ihrem Anspruch, als es ihnen darum ging, die Wahrheit ihrer getroffenen Annahmen zu beweisen und zu propagieren. Mit der Verbreitungsabsicht der engagierten Pädagogen, die sie nun einmal waren, wurden auch schon Beweise für die Richtigkeit versprochen, die zu Verwechslungen zwischen dem Werkzeug und der Sache führen mussten. Aber wirklich furchtbar wurden die Werkzeuge ja erst in den Händen der eifrigen Apostel, denn sie machten aus diesen auch gleich eine Lebensform, eine Malanleitung, eine Bauordnung und manchmal auch eine Religion. Elementares wird in vielerlei Formen angeboten und entsprechend den jeweiligen Absichten und Zielen auch unterschiedlich ausgelegt. Der unübertroffene Lehrer des Volkes, Johann Heinrich Pestalozzi, verweist auf die Pädagogik, Georges Seurat auf Phänomene der Wahrnehmung und Wassily Kandinsky auf die Anbetungs- und Glaubensaspekte in der Kunst.

**Grundsätze**

Aus dem Gesagten lassen sich ein paar Grundsätze für die Grundlagen der interdisziplinären Gestaltung zusammenfassen:

*1. Die Vor-Bilder:* Die grösste Vielfalt zukünftiger Formen ist im Amorphen, Formlosen enthalten. Das Amorphe fördert den Gestaltungswillen, ist am besten formbar und verlangt, gerade durch seine augenfällige Formlosigkeit, nach der bestimmenden Gestaltqualität.

*Das Verdienst des Unsichtbaren wird unterschätzt.* Die Vorstellung vom «Darunter» gehört den Ahnungsvollen, Phantasiebegabten und Neulandsuchenden.

*2. Die Wahlkompetenz:* Die Sensibilität, Sinn und Gestalt im Vorhandenen zu erkennen, ist ebensowichtig wie die Fähigkeit, Sinn neu zu formulieren und Gestalt zu formen.

*3. Die Transfereigenschaften:* Das bildnerische, anschauliche Denken besitzt grosse Transfereigenschaften. Die Form des Übertragens vom Bild- ins Sprachdenken (und umgekehrt) muss systematisch geschult werden.

*4. Die Gleichzeitigkeit:* Bilder werden simultan gesehen, selbst im Film, wo ein Nacheinander sowohl in der Entstehung als auch in der Wahrnehmung gegeben ist. Damit ist in den Bildern ein überschaubares, lenkbares Ganzes möglich durch unsere Erinnerungsfähigkeit für Bilder und unser Springvermögen im visuellen Wahrnehmungsvorgang.

*5. Die Anschaulichkeit:* Du sollst dir ein Bildnis machen.

*6. Die Fehlerfreundlichkeit:* Elementar sind nicht Primärformen und Primärfarben, sondern ihre Ausdrucksmittel, die Abweichungen zulassen, und ihre Formen der Handhabung.

*7. Der Gestaltungsprozess:* Das Wort, das Spiel und das Bild sind Grundlagen der interdisziplinären Gestaltung.

Die Kunst der Wahrnehmung wird zum zentralen Anliegen in der Lehre. Damit wird der Wahrnehmungsvorgang gestaltungsnotwendig.

# Einverleiben

## *suchen und versuchen*

Kochen, vortragen und gemeinsam essen an der ETH Zürich und am Bauhaus Dessau.

*Das Rohe und das Gekochte, das Warme und das Kalte, das Flüssige und das Feste enthalten Hinweise auf unsere Sinneswahrnehmungen. Damit ergeben sich Voraussetzungen für eine gemeinsame, allen offenstehende Phantasie.*

Die Umgangssprache hält eine ganze Reihe von Hinweisen, Bezeichnungen und Redeweisen bereit, die den Zusammenhang zwischen unserer Esskultur und unserer visuellen Kultur verdeutlichen. Sich mittags rasch – im Stehen oder Gehen – den Magen stopfen, heisst, am Abend vielleicht wieder über zuviel Zeit zu verfügen, die mit Fernsehserien gestopft werden muss. Uniformes kommt kaum allein. Man isst zwar mit den Augen, selten aber reicht der kritische Blick weiter, als dies die Verpackungsindustrie zulässt. Auch Liebe soll ja manchmal durch den Magen gehen, und sie muss gelegentlich blind machen (sonst wär's anscheinend keine Liebe), obschon gerade Blindheit kaum zu den erstrebenswerten Zielen der Gestaltenden gehören kann. Liebevoll zubereitete Mahlzeiten sind – gute Zutaten vorausgesetzt – den Sinnen zugetan, also auch niemals blindlings hergestellt.

Dass Augen und Magen durchaus miteinander kooperieren, zeigt etwa die Feststellung, beim Betrachten drehe sich einem der Magen um; andererseits kann es geschehen, dass der blosse Anblick den Mund wässrig macht. Beim Betrachten von Farben kann man auf den Geschmack kommen, und wer sich gut kleidet oder durch die Einrichtung Kultur verrät, gilt bei den Mitmenschen als kultiviert und geschmackssicher.

Über das Essen sind Gemeinsamkeiten und Konventionen, auch solche der Gestaltung, leichter erkennbar. Vorerst müssen Bilder und Zeichen, die sich mit dem Essen verbinden lassen, nach Gemeinsamkeiten untersucht werden – so wird das scheinbar Augenfällige erweitert zur Gaumenfreude oder deren Gegenteil. «Was der Bauer nicht kennt, isst (sieht) er nicht» wird vorurteilsfreudig den Bauern in den Mund geschoben, gilt aber wohl nicht minder auch für andere, selbst für diejenigen, die für sich in Anspruch nehmen – sozusagen von Berufs wegen –, guten Geschmack zu haben, und den natürlich weit über den Tellerrand hinaus. Essgewohnheiten und Gestaltungsformen, mögen sie noch so von Konventionen geprägt sein, bieten Kulturhinweise über das Konstante und das Reversible. Es braucht einen gewissen Hunger auf das Neue und auf das Vorhandene, um sich gestaltend mit den Dingen auseinanderzusetzen. Wer mit Freuden kocht, probiert nicht nur die Speisen, sondern auch immer wieder Neues am Bekannten. Kinder spielen mit allem, auch mit dem Essen, Erwachsene haben das in der Regel verlernt. Der Respekt vor Nahrungsmitteln und die Respektlosigkeit vor Konventionen sind nichts Widersprüchliches. Jede Konvention wird in der Gestaltung früher oder später verändert. Trotzdem wissen wir natürlich, dass sich Geschmacksnerven genauso täuschen lassen wie der Sehsinn, was nur wiederum zu neuen Möglichkeiten führt.

## Vorbildlich

Piero della Francesca
«Battista Sforza» um 1465/66
Uffizien, Florenz

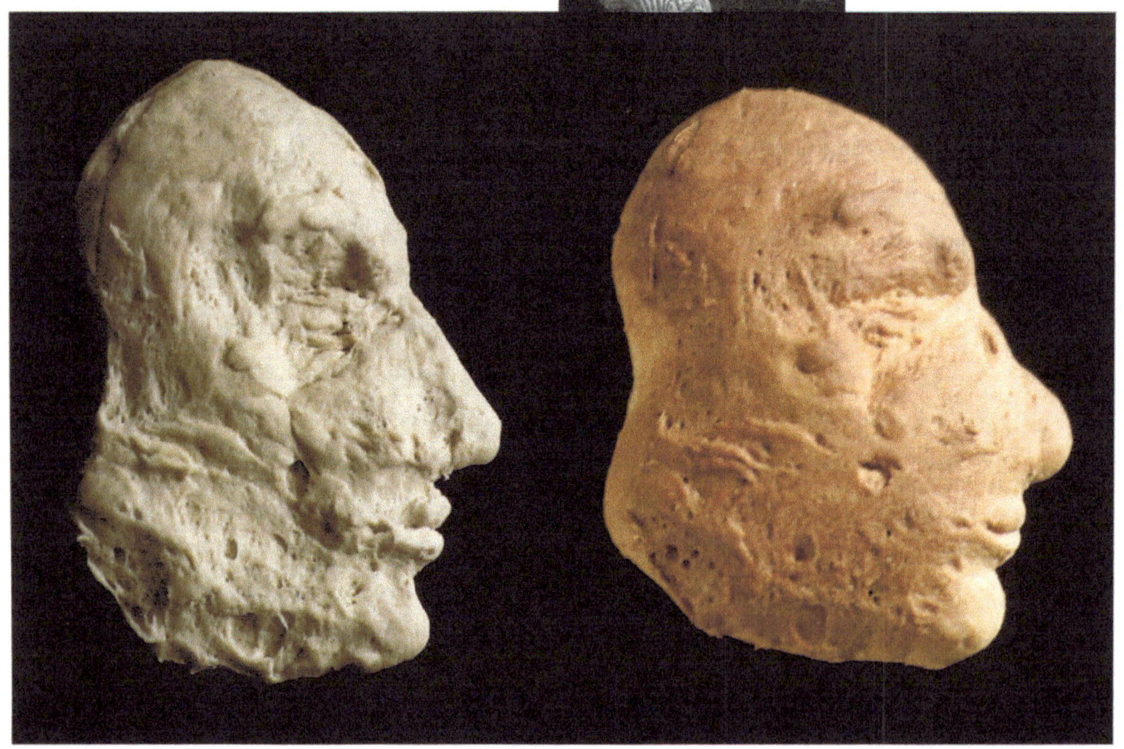

Joan Miró
«Peinture» 1933
Nationalgalerie, Prag

*Mit Brotteig Bildelemente nachformen, backen und verzehren.* Das Spielerische, das Ironische und das Ernsthafte sind in diesem Zugriff genauso enthalten wie das Analytische, das Ursprüngliche und das Symbolische. Die Verbindung zwischen Nahrungszubereitung und Bildbetrachtung nähert sich in dieser Auseinandersetzung wieder mehr einer vor-bildlichen und vor-textlichen Situation an.

## Vorbereiten und zubereiten

*Wir kochen und essen mit den Augen.* Vom Markt in die Küche, vom Rüstbrett aufs Feuer, aus der Pfanne auf die Platte (Palette), vom Teller in den Magen und von den Sinnen ins Bild.

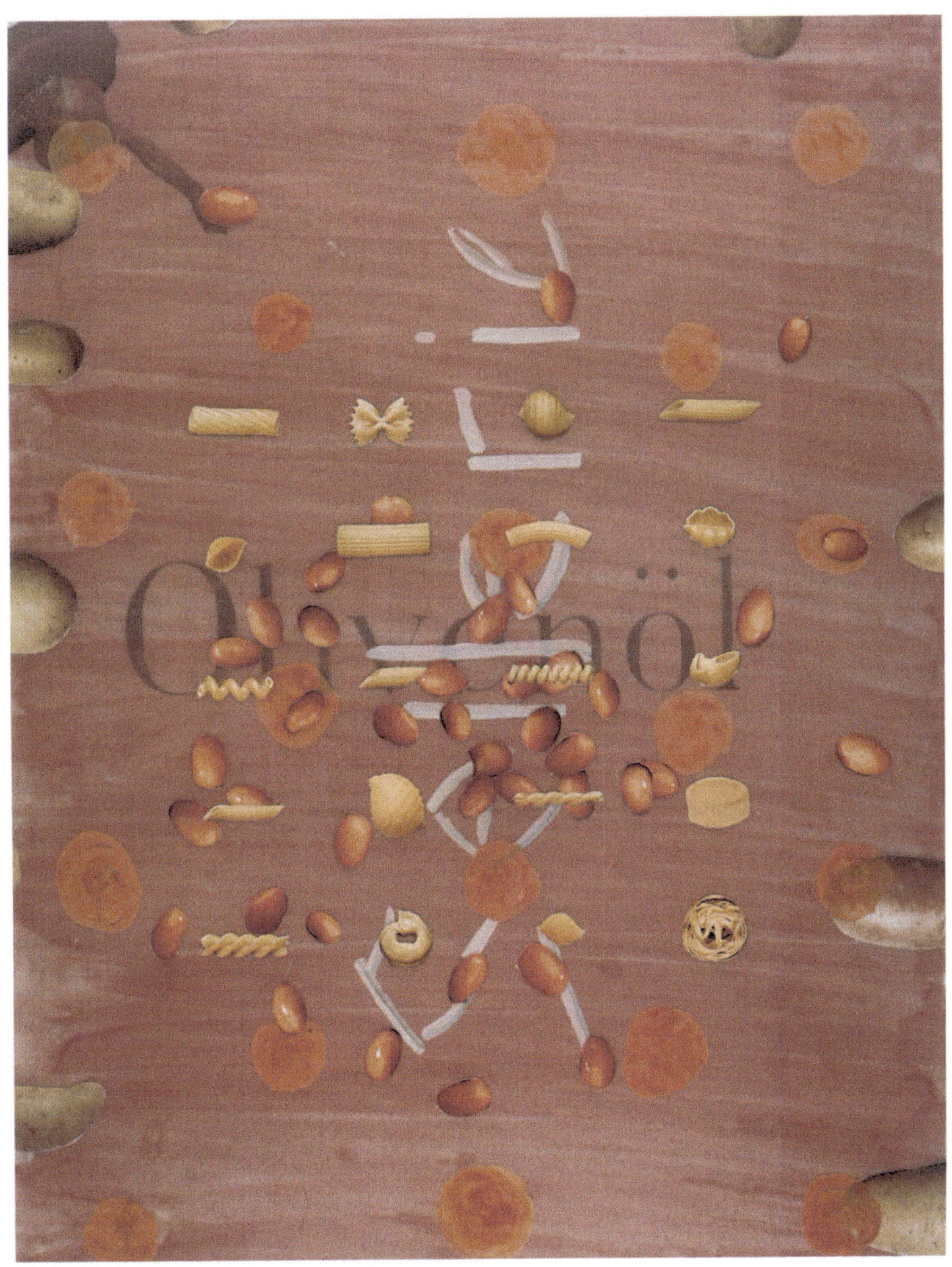

*Oberflächlich, wenn's schon nichts zu riechen gibt.* Lediglich ästhetische Oberflächen, wo die Nahsinne (Geruch und Geschmack) ihre Orientierungsfähigkeit verloren haben. Selbst wenn taktile Empfindungen noch möglich sind, werden Speisen zu reproduzierten Produkten und die Nahrungszubereitung an Reproduktionsgeräte delegiert.

*Hören und sehen im Überfluss.* Der eingeschaltete Bildschirm ersetzt den gefüllten Teller, das auf Videobändern gespeicherte Allerweltsmenü entspricht einer Speisekarte. Das in Bildwaren verwandelte Nahrungsmittel ernährt den an den Bildschirm angeschlossenen Menschen, der seinen Bildhunger stillt.

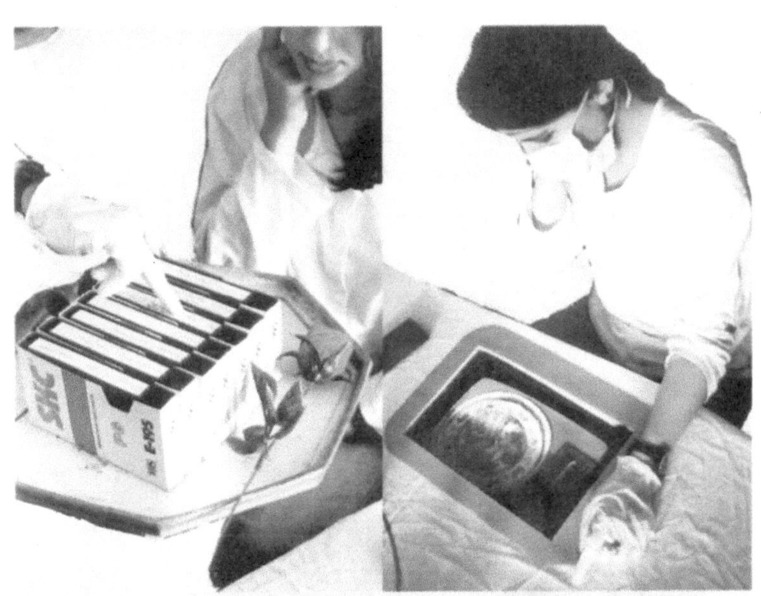

## Bildspiele

*Appetit auf Bilder.* Der Ausgangspunkt der Kultivierung ist dasjenige Spiel, das eine möglichst grosse Komplexität aufweist und verschiedene Richtungsentwicklungen zulässt. Bilder, die kompatibel sind mit Klängen, Berührungen usw., sind natürlich nicht auch schon Musik oder Plastizität, wie das Spiel auch nicht das Leben ist. Was die Chancen für eine Sinn-Kultur erhöht, sind die Spielregeln, die das Überschaubare mit dem Vorhandenen, das Hörbare mit dem Geschmackvollen und das Leichtsinnige mit dem Gedankenschweren verbinden. Unsere Spiele beinhalten die Suche nach einer Begrifflichkeit der Verbindungen, man könnte auch sagen Kommunikationsregeln.

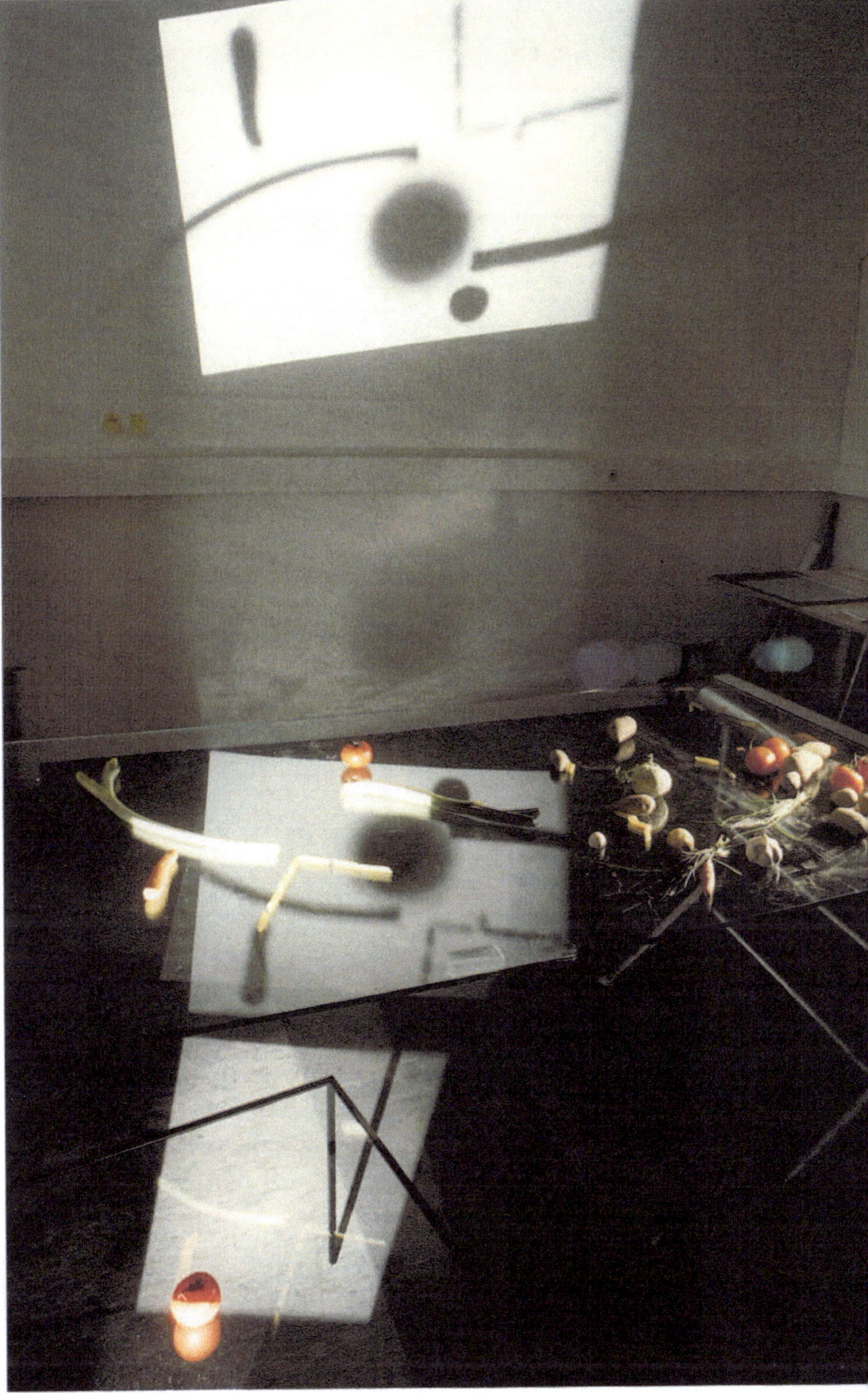

## Kopf und Bauch

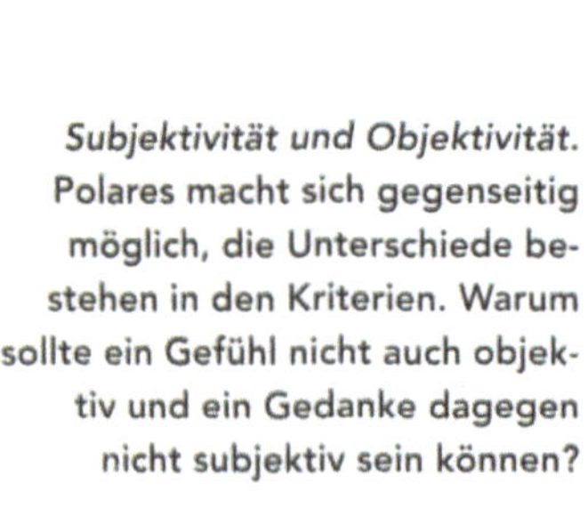

*Subjektivität und Objektivität.* Polares macht sich gegenseitig möglich, die Unterschiede bestehen in den Kriterien. Warum sollte ein Gefühl nicht auch objektiv und ein Gedanke dagegen nicht subjektiv sein können?

*Motorische Koordination: gleichzeitig denken, sprechen, zeichnen, essen und beobachten.* Schokoladencreme ergänzt durch Rahm, der zum Bildmittel wird. Man sagt etwa «eine Sprache fliessend sprechen» und meint damit deren Beherrschung. Fliessend zeichnen ergibt sich hier durch das Beiläufige. Gerade weil der Malgrund nichts mit den gebräuchlichen Zeichenutensilien gemeinsam hat, wird der Prozess des Zeichnens erleichtert.

## Versinnbildlichen

*Die Parallelität zwischen Bildmittel und Nahrungsmittel.* In den verschiedenen Formen von Sinnbildern treten Verschlüsselung und Veranschaulichung in unterschiedlichen Graduationen auf. Dies wird offensichtlich in ihren Gegenüberstellungen.

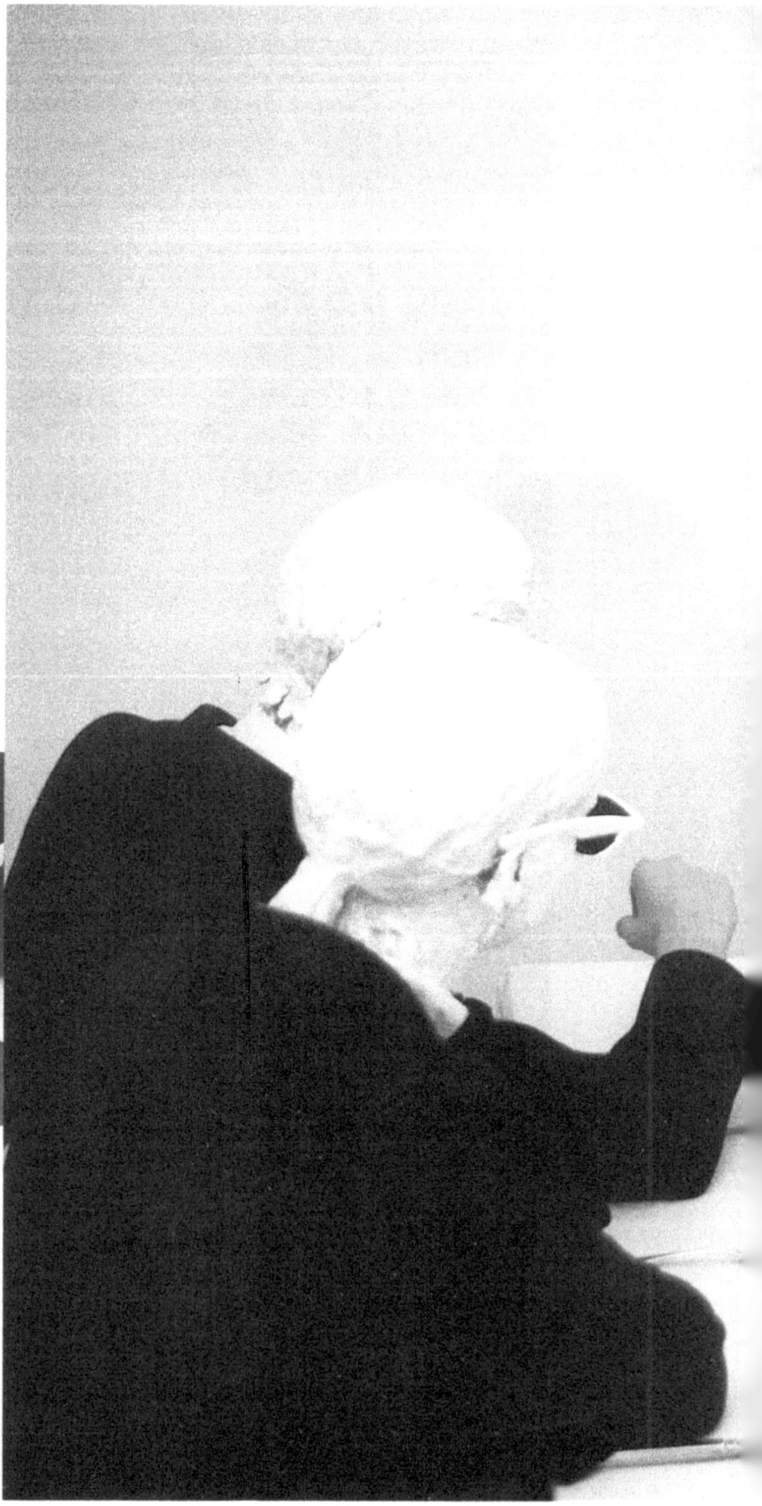

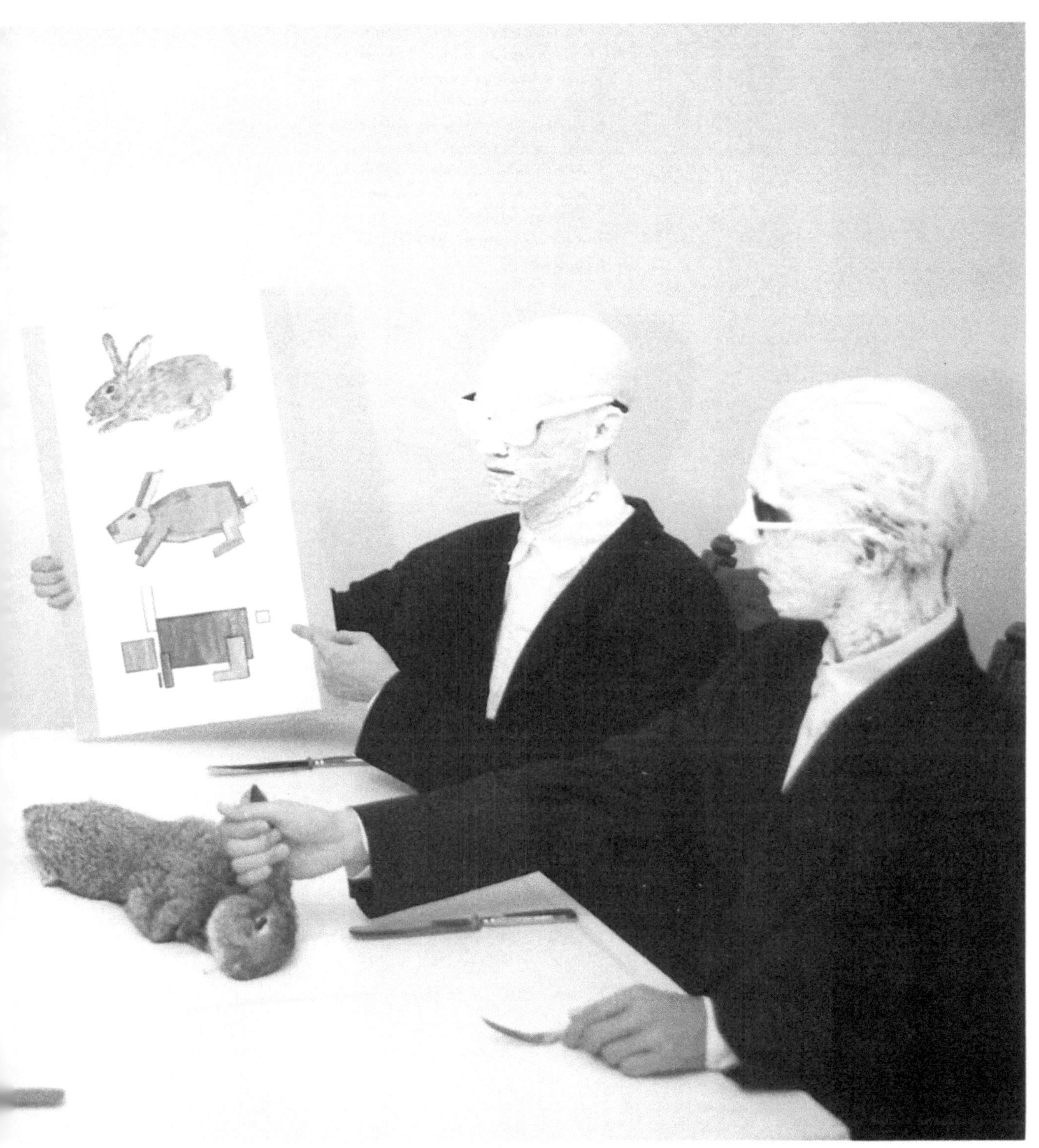

## Kultivieren

*Bebauen, bauen, hegen, pflegen, bilden und ausbilden.* Die Vielfalt der Subkulturen ermuntert uns, die Fragen des Kulturbegriffs zurückzuverfolgen. Agrikultur, die wir noch in nächster Nähe zum Boden sehen müssten (aber nicht mehr sehen), legt anderseits den Verantwortungsspielraum fest, in dem wir unseren Lebensraum gestalten.

*Mit dem Essen spielen, und das Spiel mit den architektonischen Ordnungen.* Der Analogie zwischen Nahrungszubereitung und Planungsspielen sind diese Arbeiten verpflichtet. Die scheinbare Vertrautheit der Nahrungsmittel wird durch eine überraschend veränderte Zubereitung verfremdet. Die Arrangements erfolgen besonders sorgfältig, da eine der Spielregeln voraussetzt, dass alles wieder aufgegessen wird, was auf dem Tisch ist.

# Mahlzeit

*Die sich ernährenden Reisenden.* Der Treffpunkt in der grossen Halle des Zürcher Hauptbahnhofes als Ort für eine festliche Tafelrunde. Das Gepäckfach dient als Küchenschrank.

*Die schwimmende Tafel.* Ferienzeitstimmung, gestaltet und gedeckt auf der Wasseroberfläche eines Planschbeckens. Nach dem beendeten Mahl wird das verschmutzte Geschirr für die Reinigung auf den Grund abgesenkt.

*Vom Hörensagen zum Spiel mit Farben und Vergangenem.* Zitierte Bilder sollen für alle Sinne, nicht nur fürs Auge, überprüfbar sein. Der zeitliche Möchtegern-Abstand, den die jüngere Generation betont, bleibt auch erhalten, wenn eine heitere Sezierung von vergangenen Etikettierungen, das heisst eine körperlich-reflektierende Spielform für das An- und Einverleiben sorgt.

# Gestikulieren

## *begreifen und erfassen*

**Das Gegenteil vom «fixen Bild»: zeichnen auf dampfbeschlagener Glasfläche. Der äusserst temporäre Charakter dieser Spuren ermutigt zum Zeichnen.**

*Bevor Worte und Bilder uns bewusst werden, existieren sie vorurteilshaft in unserem Gedächtnis, in unserer Körpersprache und in Form von fixen Ideen, fixen Bildern und fixen Begriffen.*

Körperzeichen, Gesten, Mimik, Haltungen und Handlungen haben viel zu tun mit dem Menschenbild, nicht als Abbild des Körperbaus oder als Belegung des Idealmasses, sondern als ein Zeichenrepertoire, das uns etwas bedeutet oder auf etwas hinweist. Das von den meisten Menschen sehr häufig verwendete Ausdrucksmittel sind unsere Handzeichen, in denen seit je eine Selbstverständlichkeit gegeben ist, die weder im Aktbild (Aktstudium) noch in der Performance (Selbststudium) so zeichenhaft zu finden ist. Die nackte Haut, als Bildmotiv in verschiedenen Kulturen vorkommend, war immer wieder Inhalt einer völlig unterschiedlichen Ästhetik. Das Konstante über Zeit und Konventionen hinweg wird sichtbarer in der Reduktion und Abstraktion auf die fassenden, streichenden, handhabenden, sprechenden, formenden, hinweisenden Hände. Die diametralen Unterschiede werden zur Zeichensprache im Umsetzen der Handzeichen, im Spiel mit den Händen. Die Verhältnisse zwischen den Händen formen unablässig ein breites Formenrepertoire. Wir greifen förmlich in einen Skizzenblock, der voller visueller Funde ist und der sich im Lauf der Zeit dennoch wandelt.

Nehmen wir das Wort Handwerk nicht allzu wörtlich, wenn mit Handposen Formqualitäten nachgespürt wird? Wer etwas mit seinen Händen macht, kommt leicht in den Verdacht der Computerstürmerei. Man vergisst dabei, dass die tätige Hand – durch die Maus mit dem Programm verbunden – am Computer genauso bedeutend ist wie noch vor Jahrzehnten der Griff in den Setzkasten. Unsere Hände sind Formmeister lange bevor sie etwas Greifbares produzieren. Der übergreifende Wert der Gesten ist unabhängig von der einstigen Arbeitsteilung am Bauhaus zwischen Formmeister, Handwerksmeister, Geselle und Lehrling. Aber auch unabhängig im Sinne der heutigen Spezialisierung in der industriellen Technologie. Das Handwerk als Spielform (posieren, gestikulieren), mit der keine zu entsorgenden Produkte anfallen, aber trotzdem ästhetisch überzeugende Hinweise sichtbar gemacht werden können, vermittelt im kommunikativen Sinne zwischen Veranschaulichung und Vorstellung. Die scheinbare Unproduktivität der sprechenden Hände ist nur so lange ohne Produkte, als wir ihre Ausdrucksmöglichkeiten nicht zu erkennen vermögen. Individualität und kollektive Gemeinsamkeiten müssen nicht im Widerspruch enden, weil die Hände – gerade beim Sprechen – ebenfalls vermittelnde Funktionen erfüllen, die sich unmöglich auf einzelne Lebensbereiche beschränken liessen. Ohne ein stetes Training der Hand wird auch das Hirn entfremdet, was weit tragischer wäre als etwa nur der Verlust von handwerklichen Tätigkeiten.

## Die sprechenden Hände

BILDER VERBINDEN

SPUREN HINTERLASSEN

PLASTIZITÄT FORMEN

KREISE ÖFFNEN UND SCHLIESSEN

VORWERFEN UND RÜCKSICHT

GEMEINSAMKEIT ENTWICKELN

## Handzeichen

*Selbstsichere Formuntersuchungen.* Die Fähigkeiten der Hände – endlos geübt aus unzähligen Prozessen des Berührens, des Herstellens, Bedienens, Steuerns, Hinweisens und Kommunizierens –, eingesetzt für die Aufführung von Zeichen. In diesen Handlungsabläufen lagert ein Repertoire von Zeichen, dessen Möglichkeiten für die Phantasie und Wahrnehmung kaum auszuschöpfen sind.

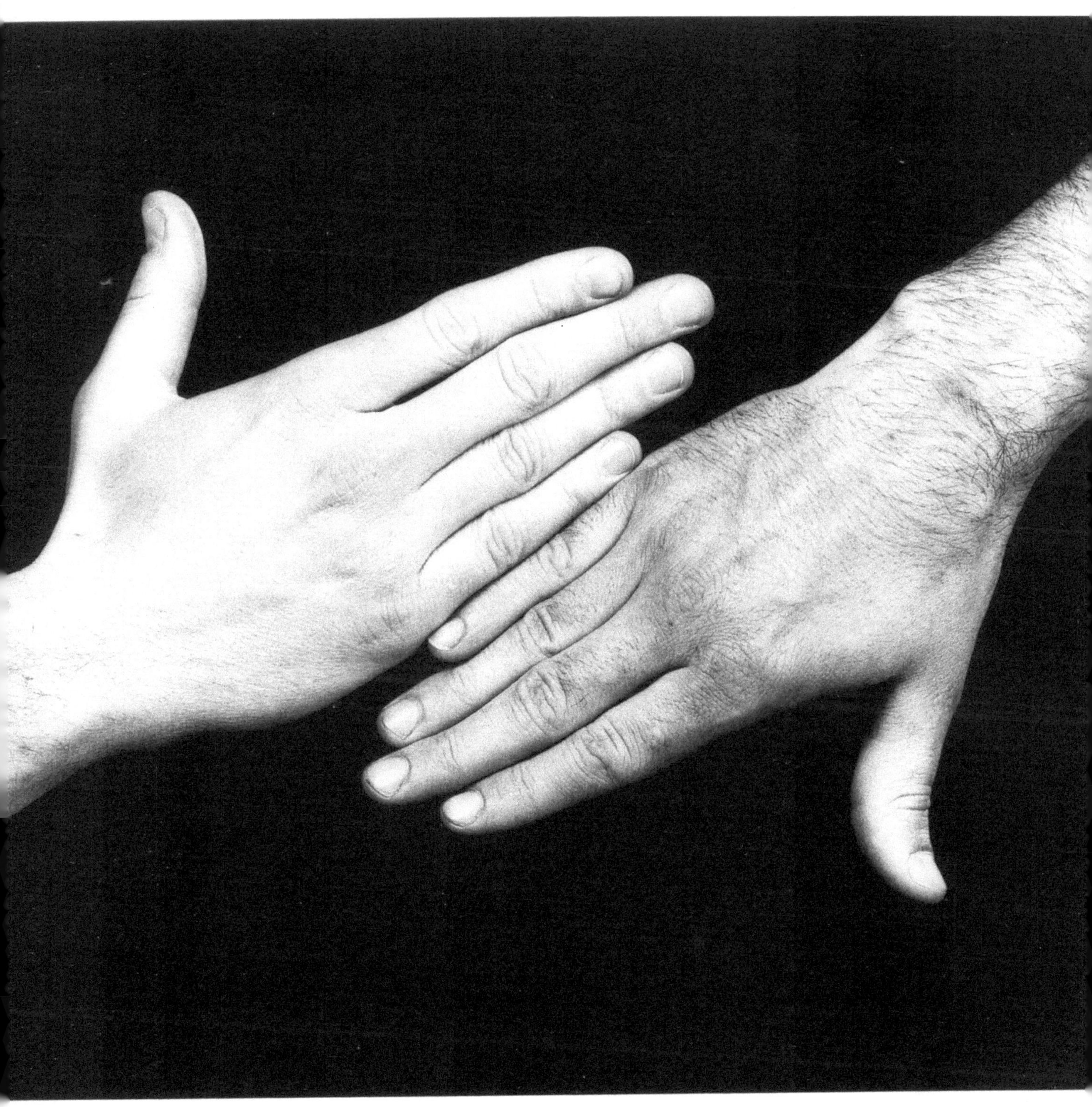

## Handeln

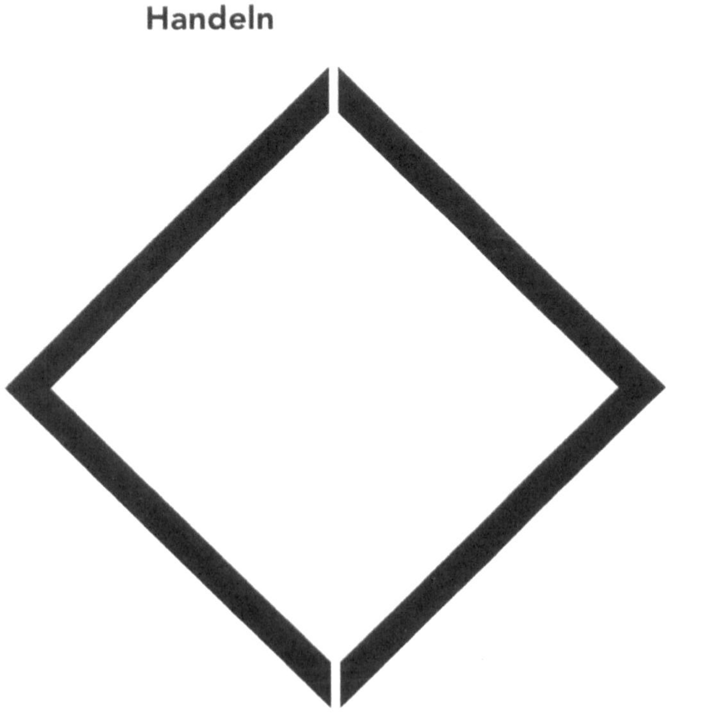

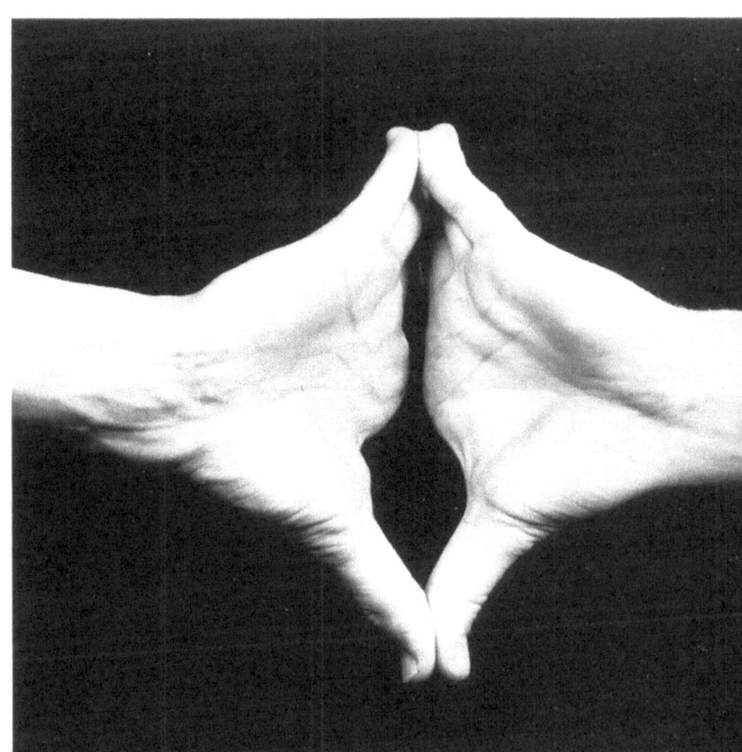

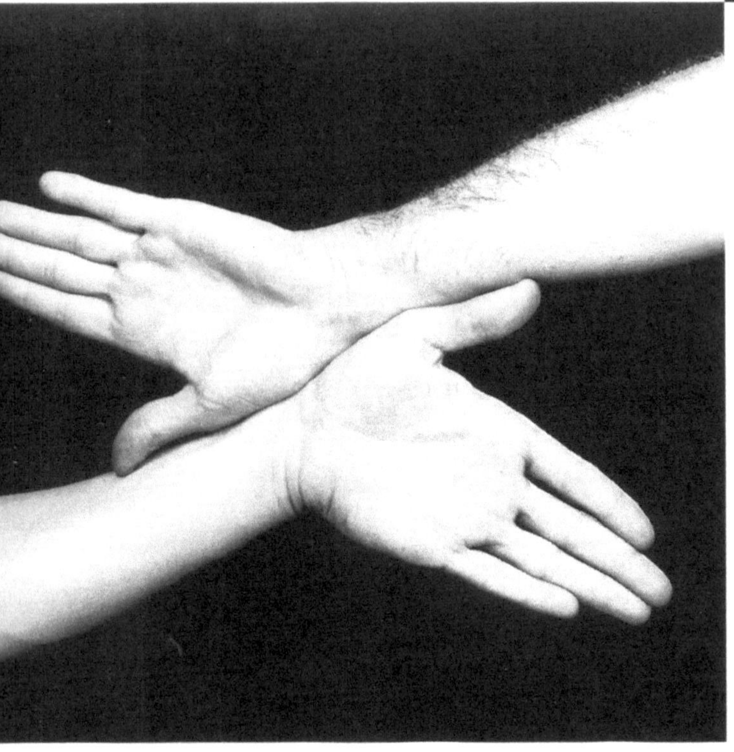

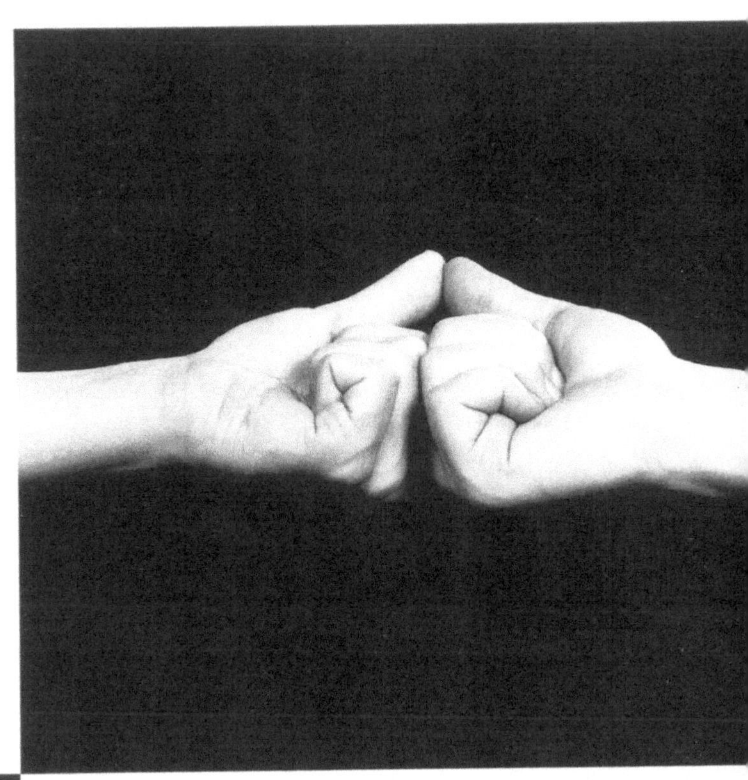

## Hand in Hand

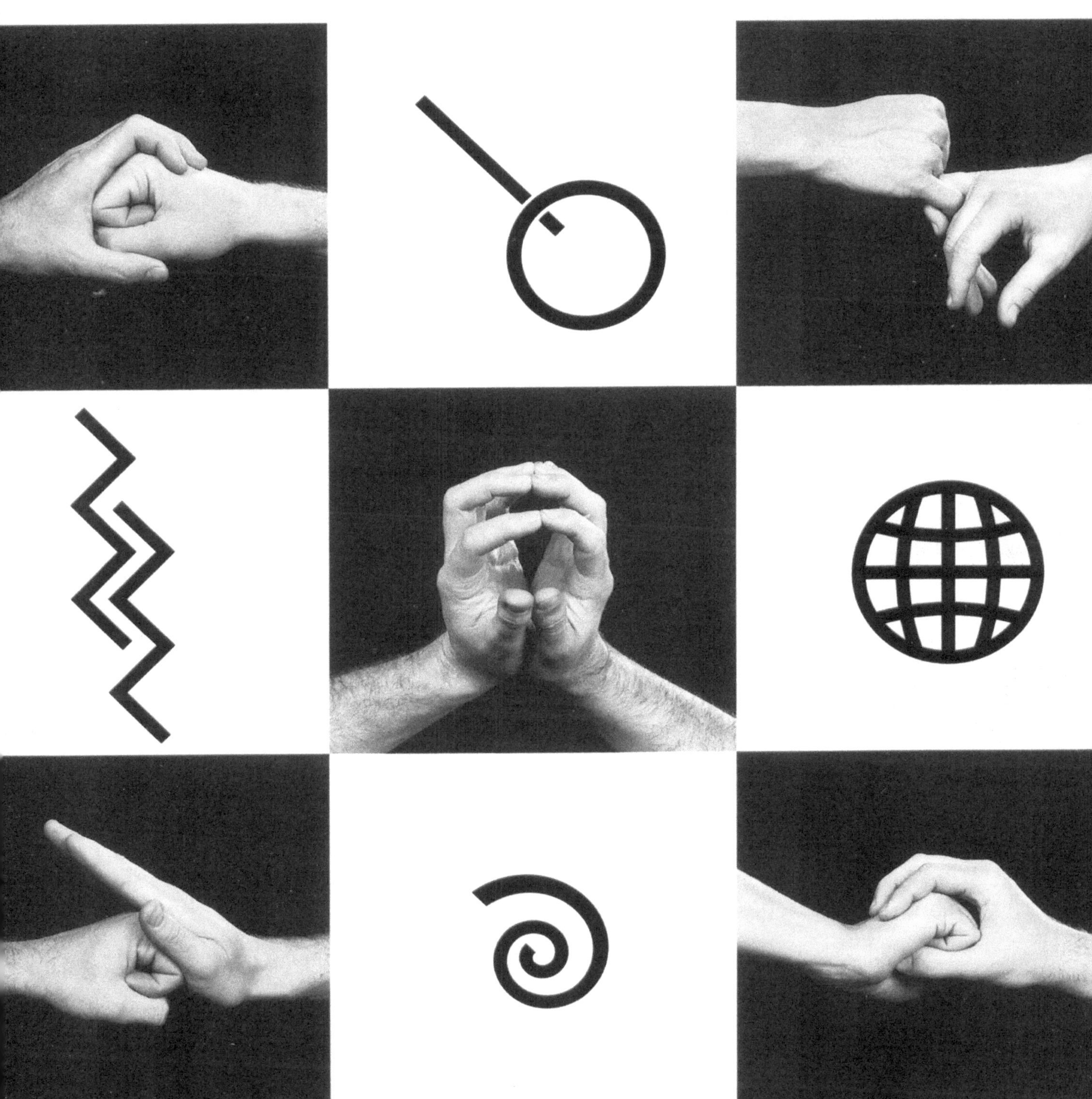

## Begreifen und eingreifen

# Abbilden

## *vereinfachen und komplizieren*

**Holzhaltiges Papier mit Sonne belichtet.**

*Auch unter den Bildern gibt es solche, die uns – auf den ersten Blick – als sehr zutraulich erscheinen. Erst bei genauerer Betrachtung werden sie uns fremder und fremder.*

Es gibt Bilder, die als einfach eingestuft werden und dennoch Strukturen aufweisen, die sich mit komplexeren Bildformen vergleichen lassen. Schattenbilder können wie Comic strip betrachtet werden mit filmischem Schnitt, zeitlichen Abfolgen, karikaturhaften Verzerrungen und dramaturgischen Überhöhungen. Ich kann in Schattenbildern auch eine Art Live-Sendung mit ungewissen Schattenfolgen sehen, in denen sich Reales und Fiktives vermischt. Die Ursachen, die zu den Schatten führen (die wir ja in Wirklichkeit nicht zu den Bildern zählen, sondern höchstens als Bildelemente in Bildern gelten lassen), erscheinen erst wieder über die Rekonstruktion als Realität, was die Unterscheidung zwischen wahr oder falsch erschwert. Unsere Ungläubigkeit ist Teil der Wahrnehmung, und erst durch sie sind wir bereit, dem alltäglichsten Bildtypus etwas mehr Aufmerksamkeit entgegenzubringen.

Schattenbilder, spielerisch gestaltet und geformt, sorgten wohl in jeder Kindheit hin und wieder für Überraschungen. Die Aufmerksamkeit für das Selbst-Verständliche nimmt mit dem Erwachsenwerden stetig ab, es sei denn, methodisches Vorgehen stelle einstige Wertschätzungen wieder her. Die Teilung zwischen Bildherstellenden und Bildbetrachtenden ist beim Schattenbild aufgehoben. Es lohnt sich daher auch für Erwachsene, Strukturen für Schatten zu finden, um Bilder ständig auf einfachste Weise in Bewegung zu halten. Das Schattenbild und die lichtaussparenden, schattenbildenden Gegenstände gehören für uns unweigerlich zusammen, formen in uns eine lebenslange Erfahrung. Wir alle sind mitbeteiligt an der Bildung von Schattenbildern, auch alle diejenigen, die glauben, nie ein Bild zu gestalten.

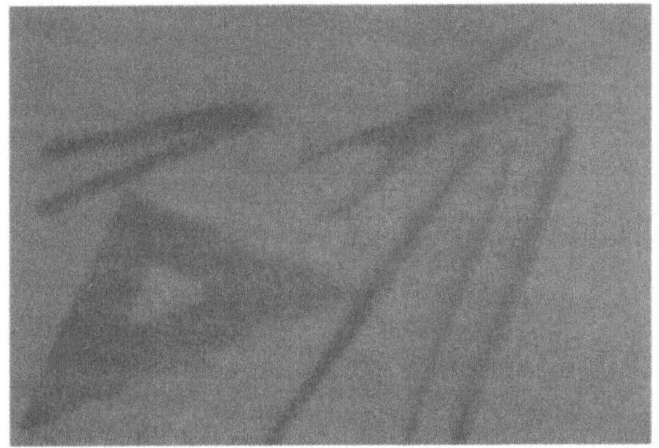

Das Schattenbild konstituiert den Unterschied zwischen dem Drei- und dem Zweidimensionalen, dem Statischen und dem Bewegten, dem einen und einer Vielzahl von Blickpunkten, dem Vertrauten und dem Verfremdeten, dem Wirklichen und dem Vorgetäuschten. Begünstigt durch die vielen Möglichkeiten der Voraussetzungen kann ich eine sehr breit abgestützte Vertrautheit mit diesem Bildtypus herstellen, die direkt von meinen unzähligen Erfahrungen herrührend das Bild in meinen Körper oder in die Dinge zurückführt.

Das Spiel mit den Differenzen (zweidimensional/dreidimensional, statisch/bewegt, Ansicht/ Ansichten, vertraut/fremd, real/täuschend) wird zum bewusstseinsfördernden Wahrnehmungslehrpfad, mit dem sich auch dem Vertrauten überraschende Bilder entlocken lassen. Verfremden müsste zum Schulfach werden, damit wir Klischeebilder besser durchschauen können.

## Ursache und Wirkung

*Die Suche nach Gestaltprägnanz.* Wie zufällig hingeworfene Schachteln ohne Ordnung, die mit Hilfe der Lichtquelle eine sitzende Figur oder eine an Italien erinnernde Gestalt bilden. Überraschend ist die Abweichung zwischen Ursache (Unordnung) und Wirkung (benennbares Bild). Schattenbilder gehören zu unserem Alltag, wie das Licht dazugehört, was Grund genug sein soll, sie als jederzeit verfügbarer Rohstoff gestalterisch zu nutzen.

Villa Cafaggio
Chiquita
HANDLE WITH CARE
Chiquita

## Vorbild und Abbild

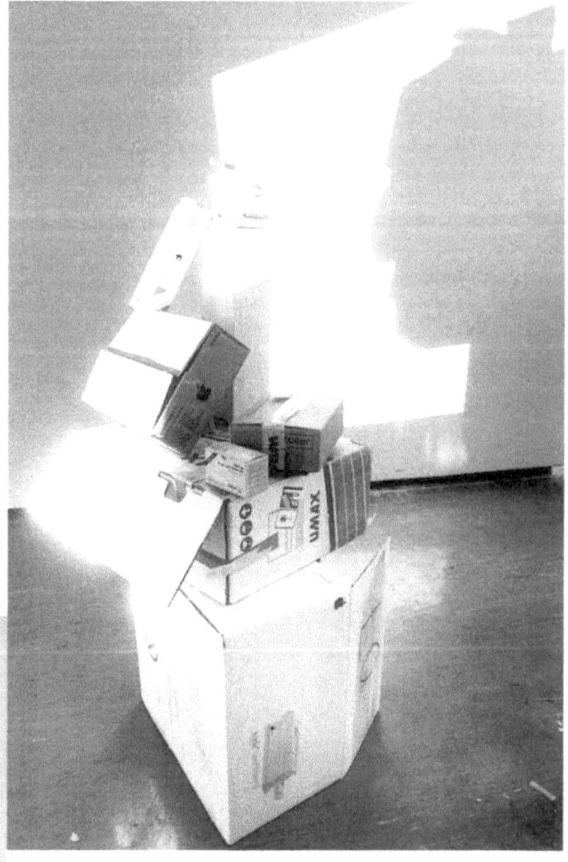

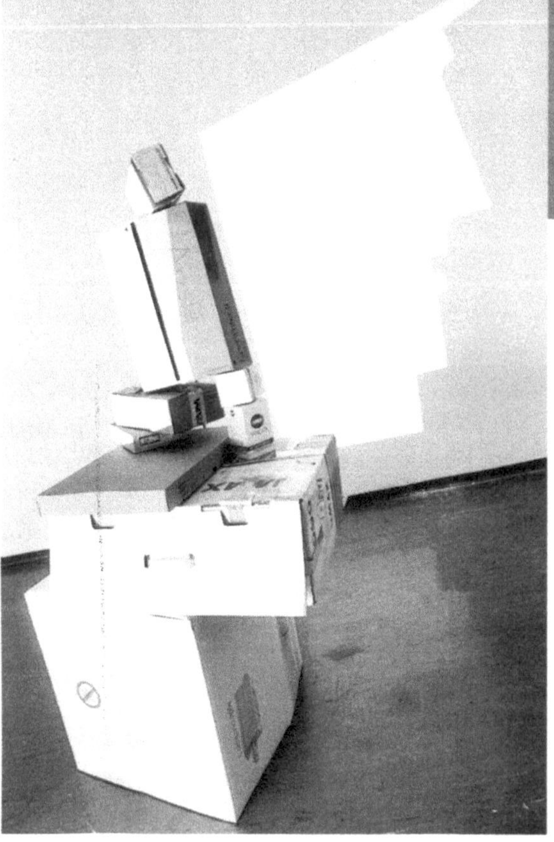

*Der Glaube an die Wahrnehmung.* Abbilden und wahrnehmen sind verwandte Aktivitäten oder ein und dieselbe Tätigkeit, wenn das entstehende Bild (hier Schattenbild) zum eigentlichen Wahrnehmungsgegenstand wird. Wir alle, die wahrnehmen, «zeichnen» etwas, weil auch die Wahrnehmung – nicht erst die Zeichnung – schon eine Übersetzung ist.

# Fliessende Bilder

Im Bild

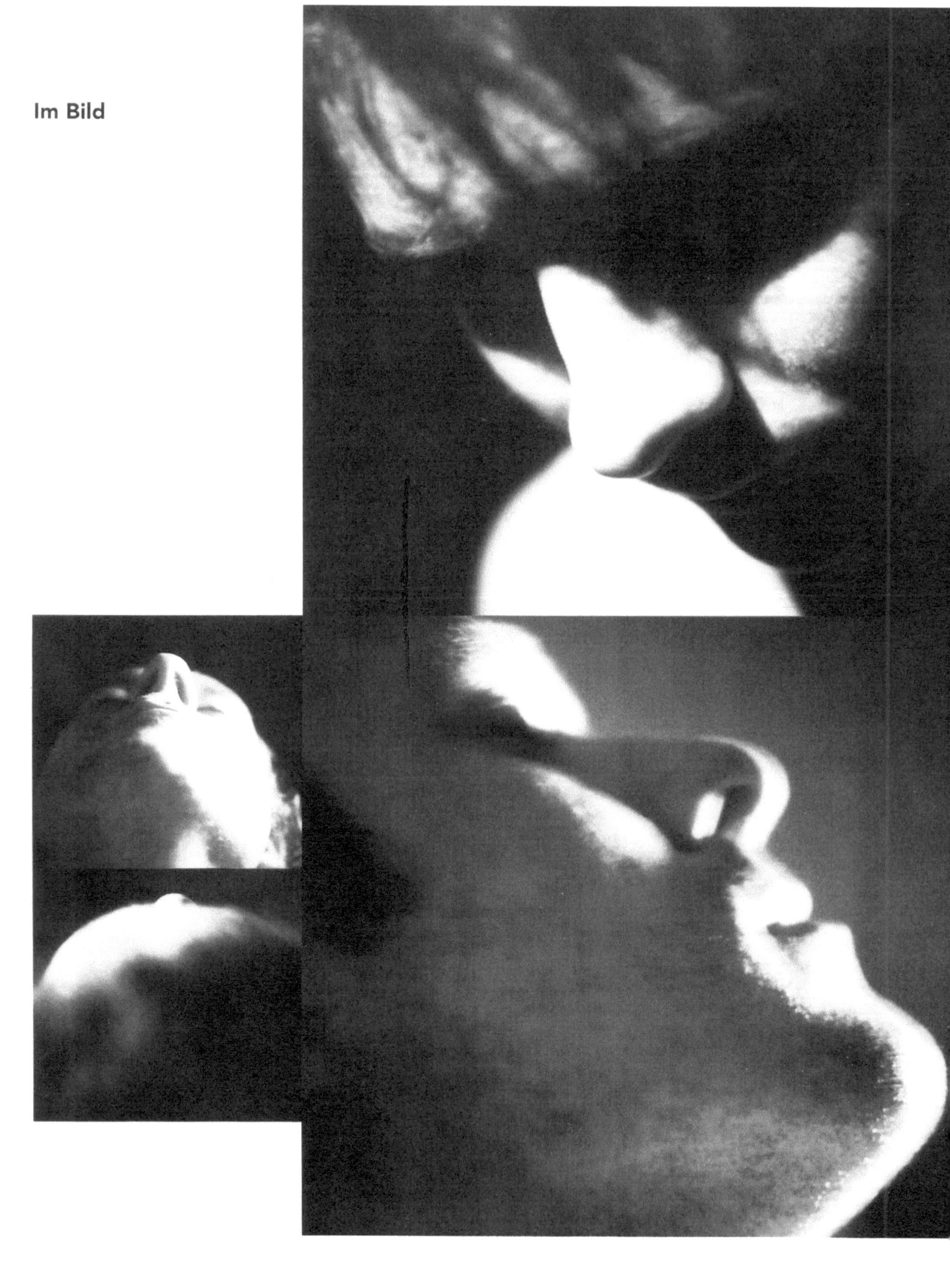

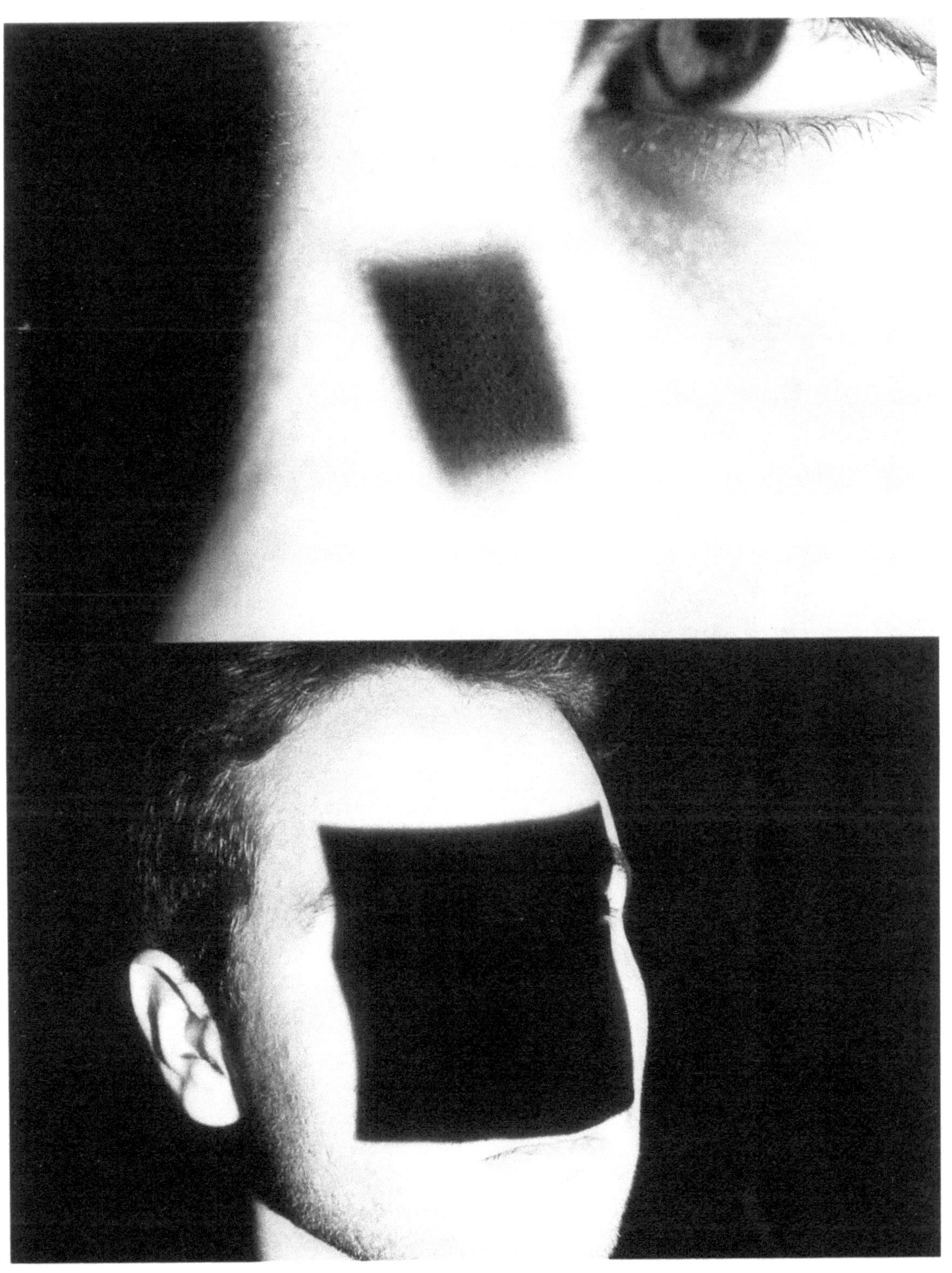

## In die Hand nehmen

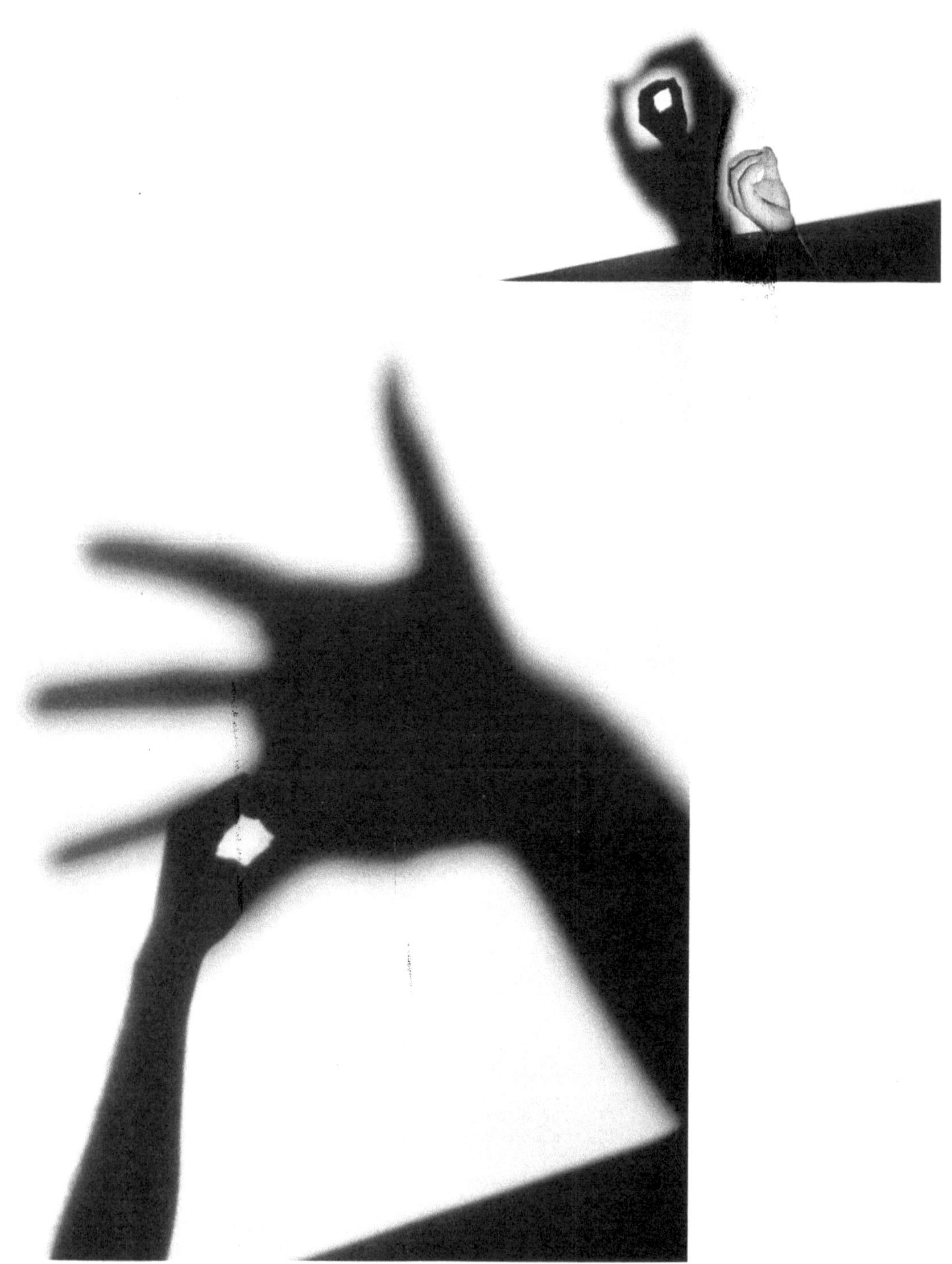

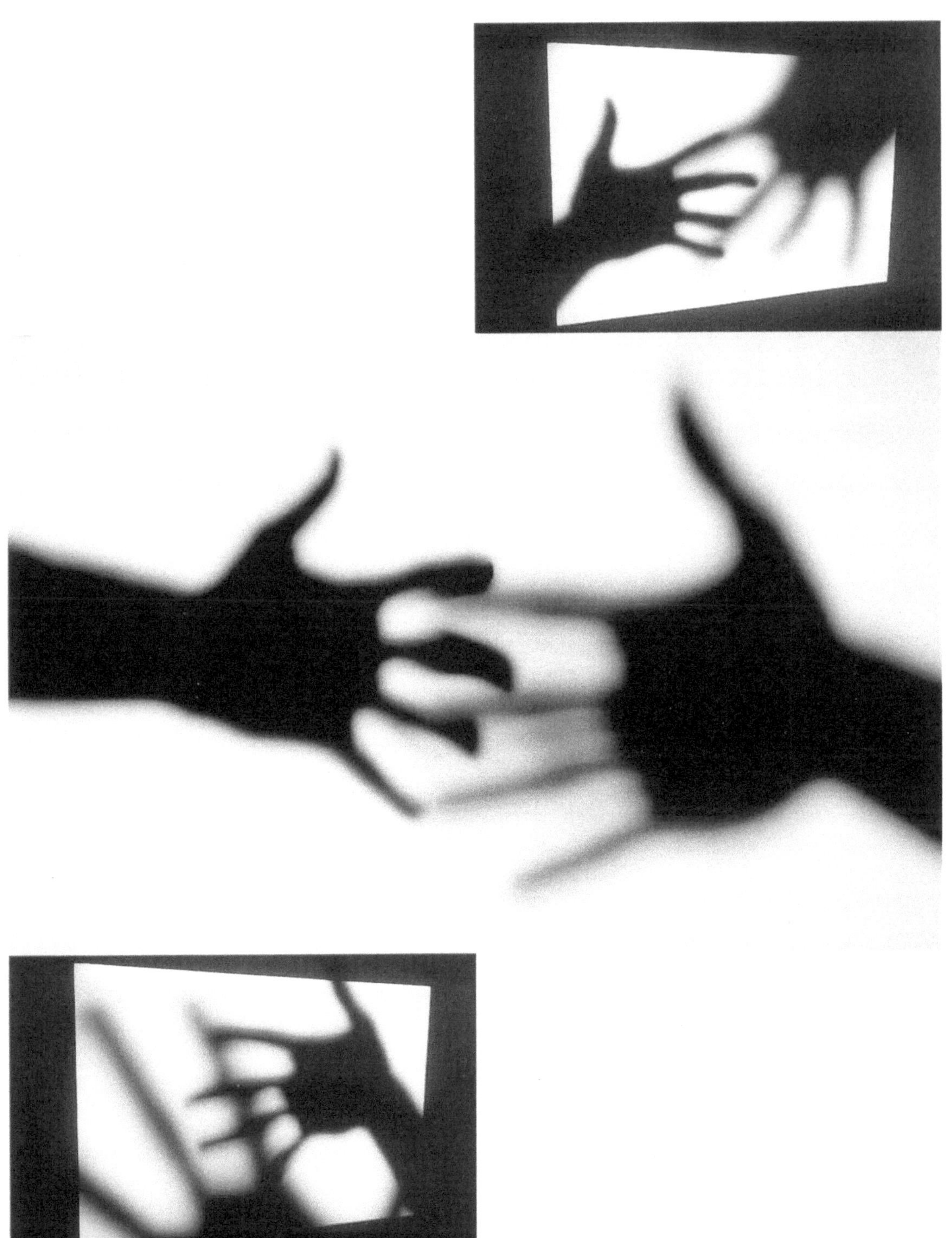

## Das Modell und sein Abbild

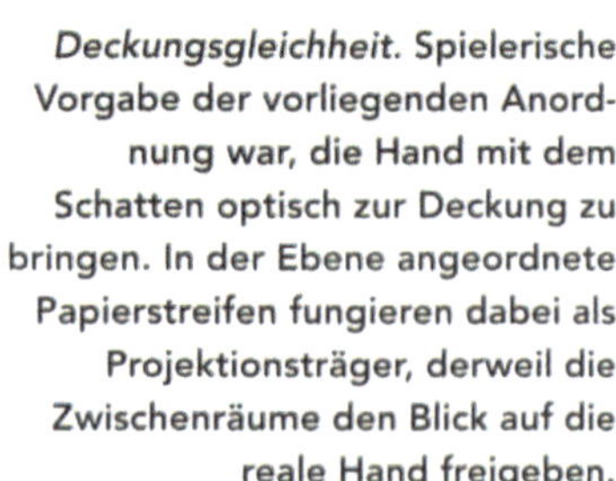

*Deckungsgleichheit.* Spielerische Vorgabe der vorliegenden Anordnung war, die Hand mit dem Schatten optisch zur Deckung zu bringen. In der Ebene angeordnete Papierstreifen fungieren dabei als Projektionsträger, derweil die Zwischenräume den Blick auf die reale Hand freigeben.

Bildausbrüche

*Wo beginnt das Bild?* Die Bildgrenze und die reale Hand zu einem Zwei-in-einem-Gebilde vereint. Kontrollierte Gedankenausbrüche sind eigentlich nicht weniger wünschbar als kontrollierte Bildausbrüche.

## Das Gleiche wird ungleich

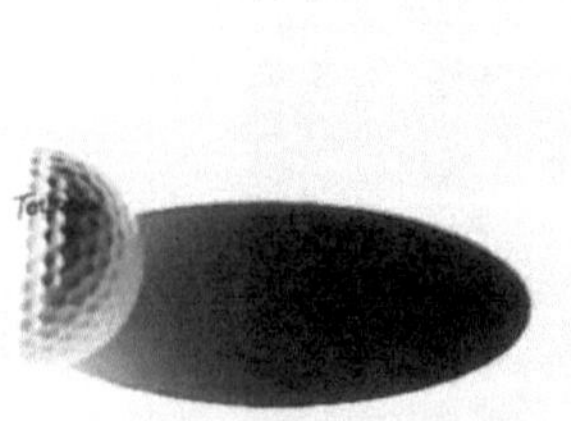

*Schlagschatten und Bildkonstante.* Der in der Umgangssprache als «Schlagschatten» und in der Geometrie schlicht als «Projektion» bezeichnete idealisierte Schatten ist das Produkt einer real nur annähernd zu simulierenden Lichtprojektion. Der Schatten ist dabei nach den Gesetzmässigkeiten der Optik diversen Verzerrungen unterworfen. So wirft eine Kugel bei einer Projektion auf eine schiefe Ebene einen elliptischen Schatten.

Unter Berücksichtigung derselben Gesetzmässigkeiten lässt sich diese Ellipse fotografisch wieder in einen virtuellen Kreis überführen. Kameraobjektiv, Objekt und Lichtquelle befinden sich dabei in einer symmetrischen Anordnung. Je schiefer die Lichtprojektion, um so mehr löst sich der Schatten vom Objekt und wandert optisch nach unten.

Das Ungleiche wird gleich

# Bezeichnen

## *erinnern und erahnen*

**Sammelsurium von kleinsten Plakatfragmenten.**

*Eine Schule, die der Erinnerung keinen Platz einräumt, wird sich auch die Zukunft kaum vorstellen können.*

Keine Spur, die nicht einmal neu war, keine Spur, die nicht früher oder später wieder verschwindet. Die angemessene Lebensdauer ist von Spur zu Spur verschieden, sie ist nicht immer so logisch zu bestimmen wie beispielsweise bei derjenigen im Schnee, die begrenzt ist durch verschiedene Einwirkungen, durch Witterungseinflüsse. Das Flüchtige, das Sichverändernde, das Fliessende, die Bewegung gehören zu ihrem Wesen. «Spurlos verschwunden» deutet auf Brüche hin, und dort, wo der Abbruch kein Gedächtnis, keine Erinnerung, keine Transparenz zulässt, muss man auf lange Zeiträume zwischen der Entstehung und dem Verschwinden oder auf gewaltsame Unterbrüche schliessen.

Entstehen und Vergehen entsprechen häufig einem unkontrollierten Vorgang, der, wird er zusammenhanglos und ohne klärende Hinweise entwickelt, verständnislos wird. Die angemessene Lebensdauer der durch uns gesetzten Spuren hat einen direkten Zusammenhang mit Erleben, Lehren und Lernen. Ein Kind, das zu früh «sauber» gemacht wird, dem man dadurch seine ersten Spuren zu früh nimmt, kann nicht einfach später in kindlichen Ritualen diese Lücken schliessen, weil die entwicklungsmässig erlebte Spur ein zu elementares Bedürfnis ist. Kritzeleien und Skizzen sind ebenfalls Spuren, die Rückblicke oder Vorstellungen ermöglichen. Und wer gestaltet, kommt ohne diese nicht aus. Die Spurensuche interessiert uns ständig. Ein Schadenfall, eine Abnutzung oder ein Fetzen Restfläche (die durch längeres Übersehen überdauern konnte), bietet ein abwechslungsreiches Reservoir von Zeichnungen, die nur erkannt werden müssen, damit sie als Zeichnungen auch anerkannt werden können. Hinter dem Er-kennen und dem An-erkennen steht die Praxis der Bildgestaltung, die uns den Weg zeigt, was Zeichnen auch heissen könnte.

Wer zeichnen will, muss Spuren aufspüren. Praktisch ist dies heute nur noch an Orten möglich, die nicht durch ständige Eingriffe (Renovationen, Entsorgung) bedrängt und zum Verschwinden gebracht werden. Unser aller Sehen und Denken ist in den Momenten der Spurensuche dem Denken von Sammlern sehr verwandt: Eine Spur, ein Fragment wird zusammen mit unserer Erfahrung in ein mögliches Verhältnis gesetzt. Und dort, wo sich Spuren nach vorwärts und rückwärts lesen lassen, sind wir zufrieden, weil wir nichts weniger gemacht haben, als Bilder zu produzieren, selbst wenn dies nur in unseren Köpfen geschah. Die eigene Erfahrung wird gleichzeitig aus dem Vergessen geholt und auf zukünftige Erfahrungen vorbereitet. Das Noch-Fremde bewegt sich auf uns zu und wird vertrauter, während wir das vermeintlich Vertraute plötzlich mit fremden Augen sehen können.

# Kritzeln

*Eine Zeichnung entgegennehmen.* Zufall und Abfall werden durch den Einfall, wie etwas gesehen werden könnte, wenn es nicht einfach übersehen würde, zweckgerichtet.

## Bildspuren aus dem Papierkorb

## Skizzieren

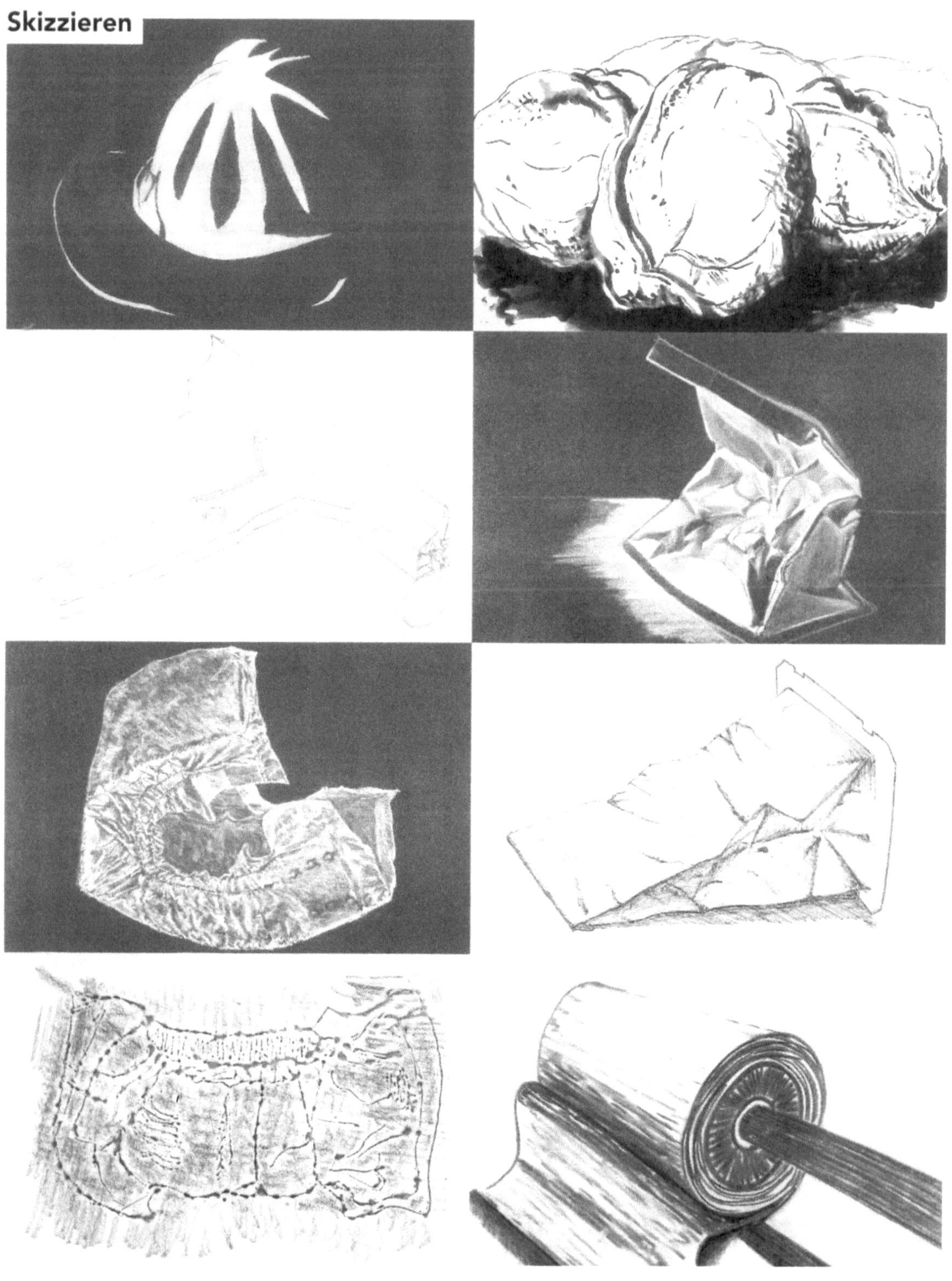

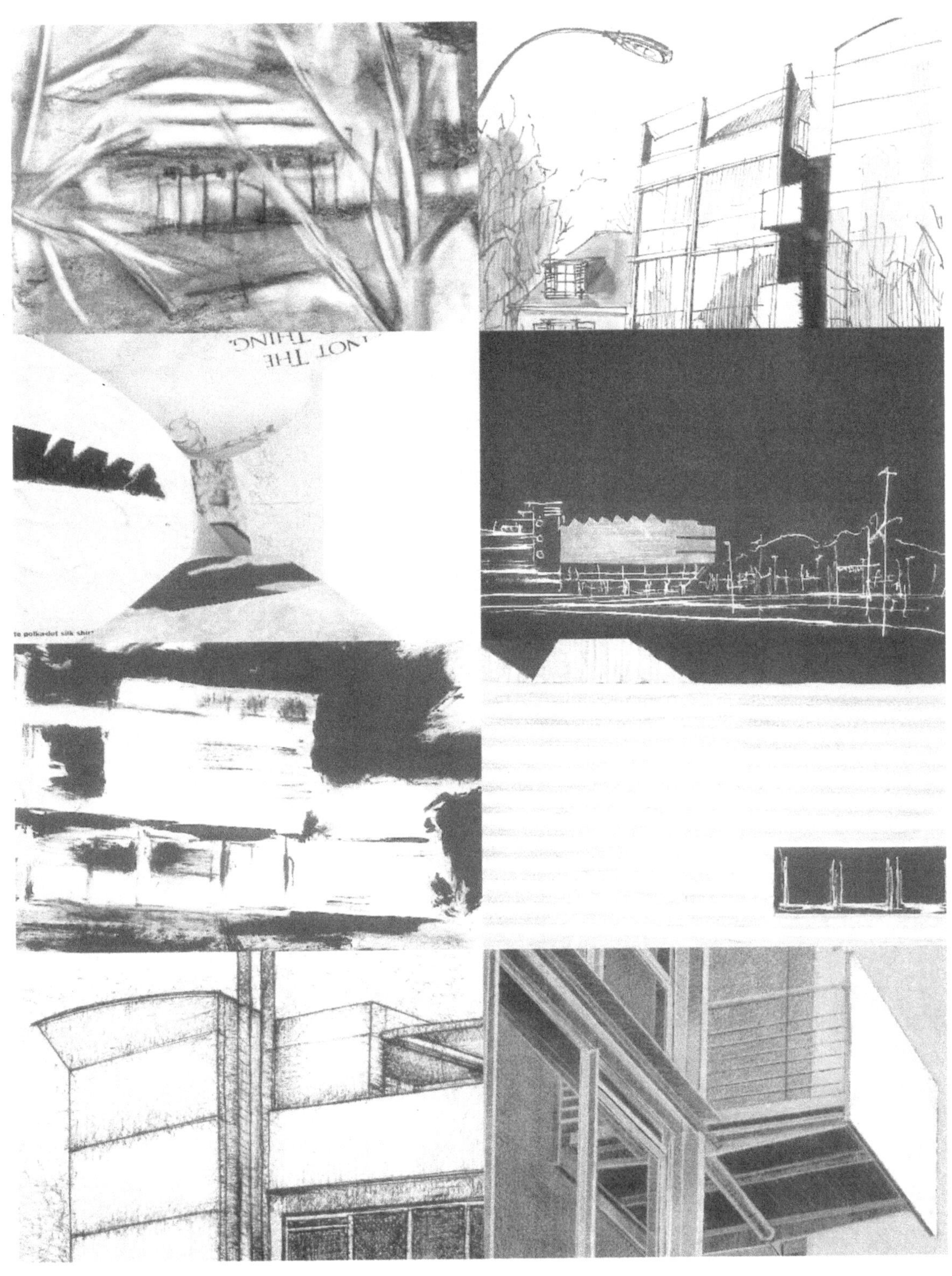

## Lichtspuren im Raum

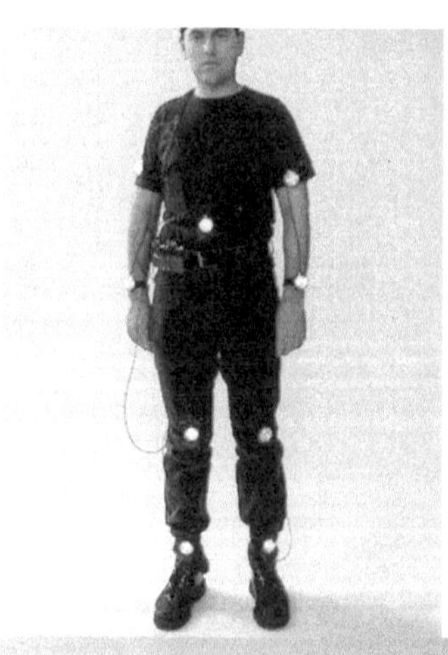

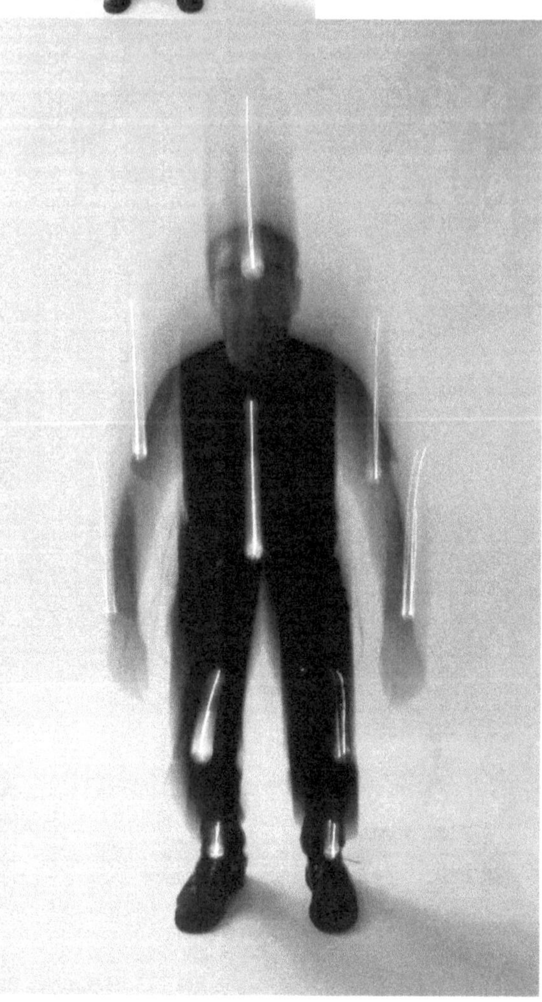

*Aus dem Körper heraus.* Vom Punkt zur Linie, von der Linie zum Punkt im Zusammenwirken mit den wesentlichen Körperpunkten. Die Lichtpunkte – hier als Bekleidungsstücke ausgebildet – machen nicht nur Bewegungsspuren sichtbar, man enthüllt auch gleichzeitig die Körperlichkeit des Zweidimensionalen.

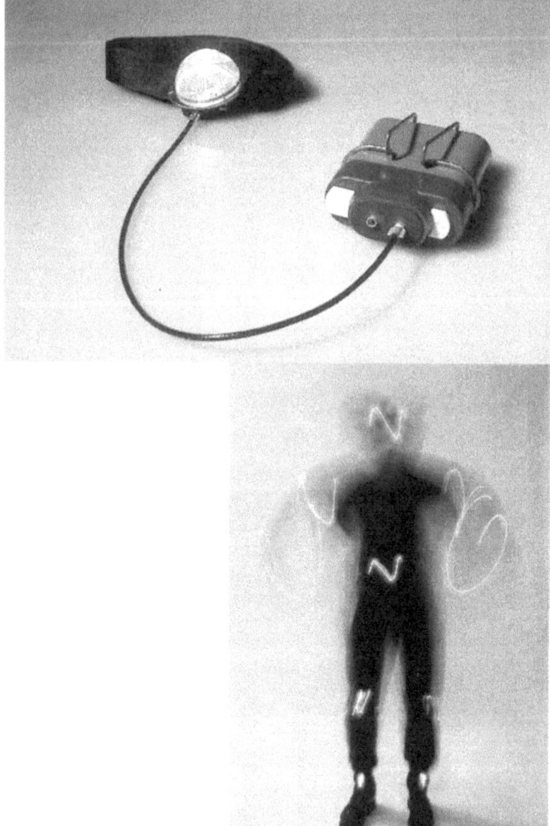

## Verlängerung der Geste oder Verdrängung der Wahrnehmung?

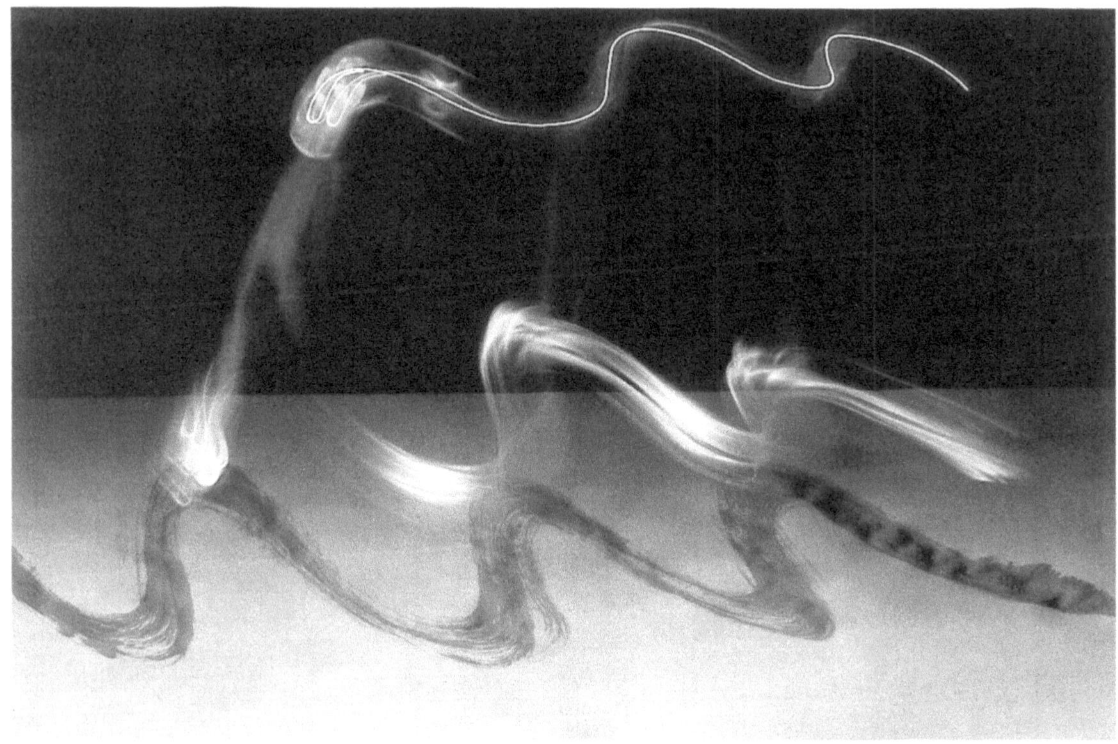

*Bewegt, gemalt und belichtet: Werkzeuge für die Ausdehnung unseres Wissens.* Sinne und Denken lassen sich durch Gerätschaften nicht ersetzen, jedoch ausdehnen und neu verbinden. Die Hierarchie zwischen Werkzeugen und denjenigen, die sie anwenden, bleibt konstant, wie die Anatomie des Menschen unverändert bleibt, im Gegensatz zur Wahrnehmung, die sich mit den Medien heute extrem wandelt.

50mm

*Wertschätzung bilden.* Durch eigenes Erfinden von ungewohnten Werkzeugen erhält die Wertschätzung der Werkzeugspuren eine grössere Wahrscheinlichkeit. In Form von Spuren werden wir an den Verlust der eigenen Zeichnungen erinnert.

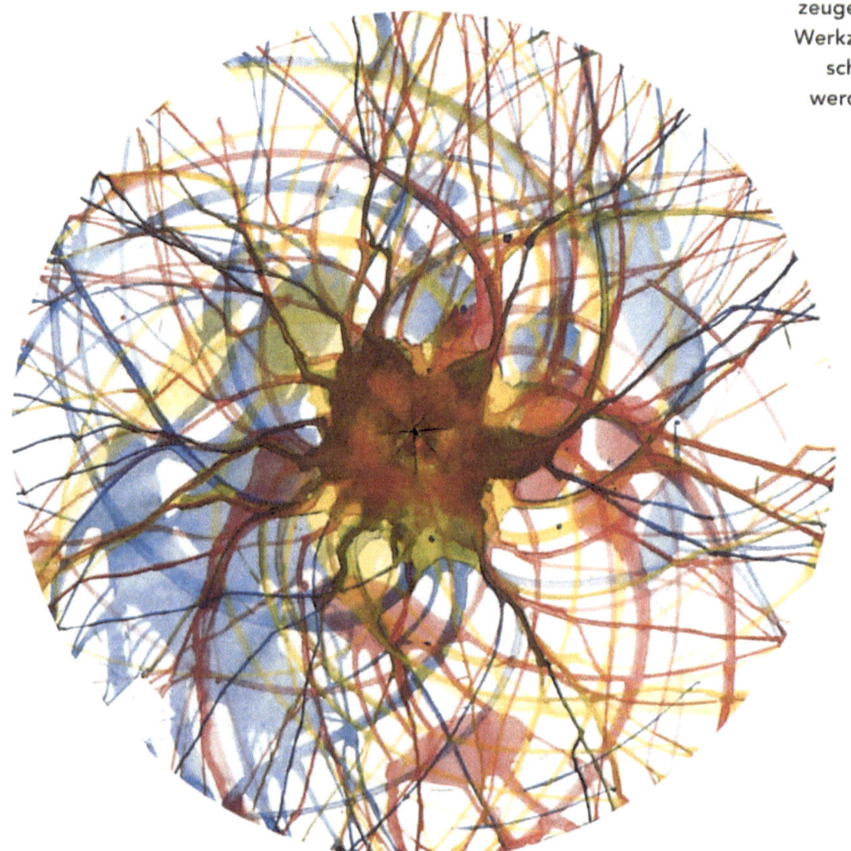

*Was möglicherweise unnötig oder unbrauchbar ist, kann durch das Spiel wieder nötig oder brauchbar werden.* Die Kommunikation zwischen Hand und Auge wird gespielt, weil sie im Computerzeitalter nicht mehr nötig erscheint. Die allgemein geschätzte Fähigkeit von «Gewusst-Wie» erhält seine Wertsteigerung durch das «Gefragt-Wozu».

## Veränderung der Spur

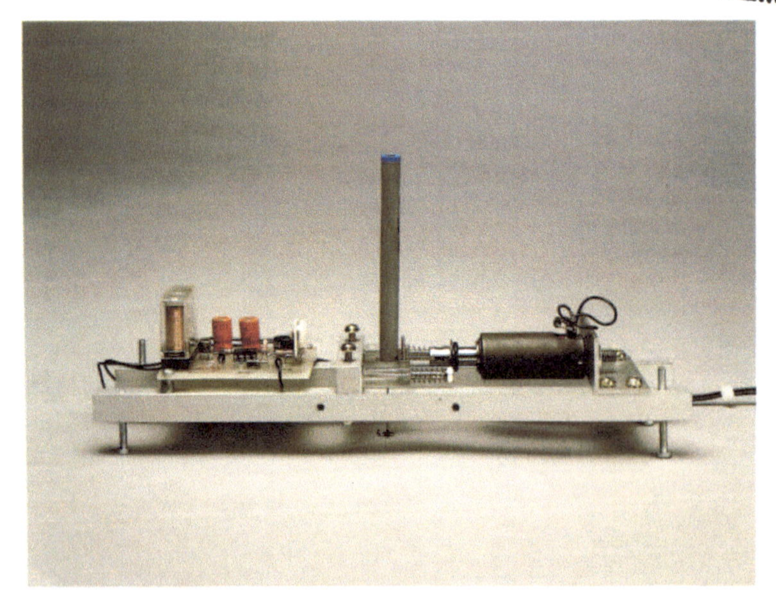

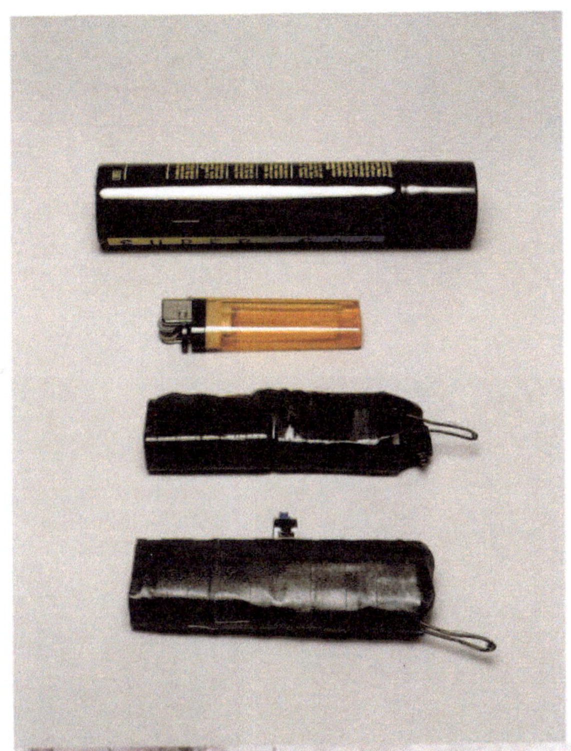

*Fragwürdige Gestaltungsformen.* Ein Motiv für zusammenhängendes Denken finden wir im Spiel mit den verschiedenen Spuren. Werkzeug kann alles werden, damit wird eine Werkzeugkunde unumgänglich. Bastelnd wird entdeckt, was im Berufsleben – wenigstens als Fragestellung – erhalten bleiben sollte; wir werden nicht fraglos. Am Fragwürdigen entdecken wir, was die Würde des Fragens beinhaltet und was nicht; das Fragwürdige ist ebenfalls ein Denk-Werk-Zeug.

## Spurensicherung am Bauhaus

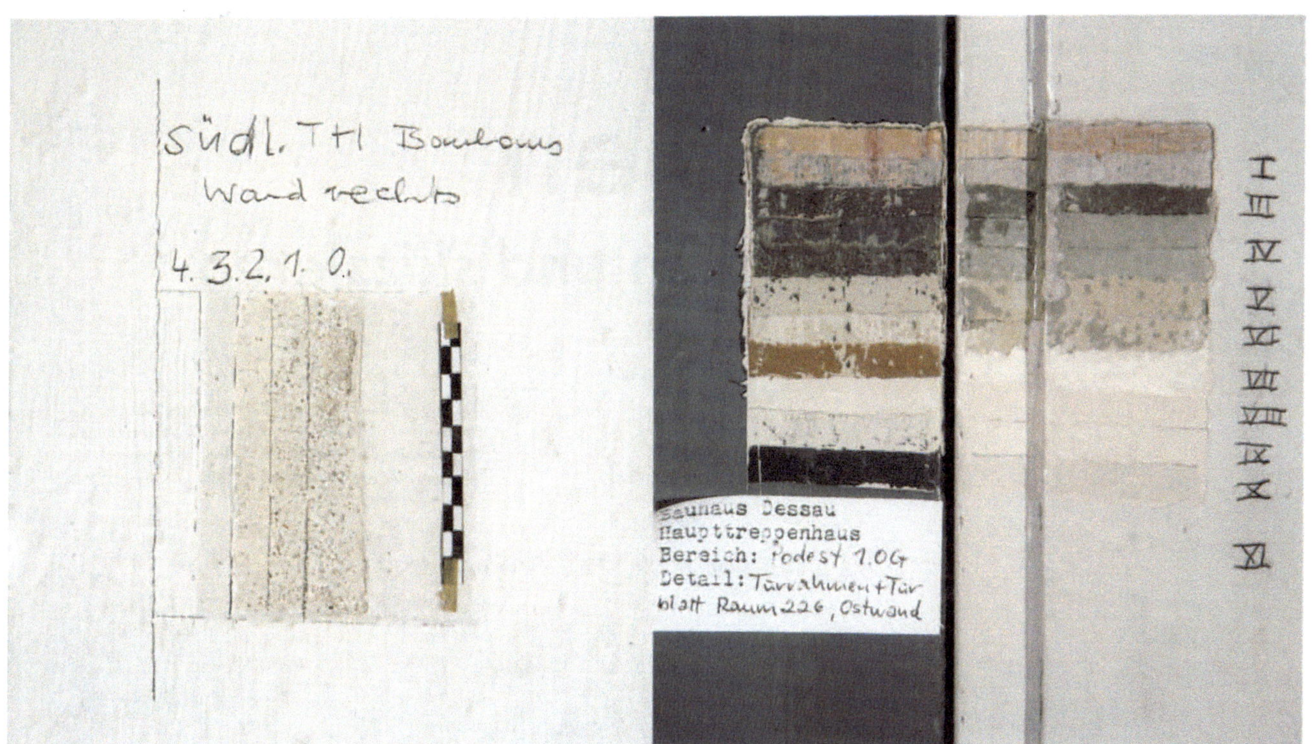


*Rot, gelb und blau – oder war es anders?* Übermalte Farben halten länger, und gerade ihre Verschiedenartigkeit garantiert Zeitmarken, an denen sich Nutzungen, Konventionen, Vorlieben und symbolische Dimensionen ablesen lassen. Die vertikale Lesart, durch Abtragen von Spezialisten ermöglicht, zeigt besonders durch ihren ruinösen, nicht mehr vollständigen Zustand offene Interpretationen.

Die Bezugnahme auf Einstiges geschieht hier nicht unter dem Anspruch auf Wahrheit, nicht um der verflossenen Wirklichkeiten willen. Kennenlernen kann auch heissen, welche Interpretationen zur Annäherung unser Blick zulässt.

# Beschreiben

## *notieren und skizzieren*

**Das lange Zeit auf der Holzwand klebengebliebene Flugblatt wurde Teil der Wand. Durch die Verwitterung wandelte sich die einstige Information zur neuen Information, zu derjenigen eines Bildes.**

*Das gemeinsame Wandern von Papierrand zu Papierrand macht das Zusammensehen schöner.*

Wir haben weniger Probleme mit dem mit Pluralismus umschriebenen Umstand, solange wir Bilder und Sprachen als übergreifende Verständigungsbrücken zwischen dem Verschiedenen bilden. Welche Bilder hier vorbildliche Dienste zu leisten vermögen, was sich wie selbstredend zu Bildern entwickelt, wäre eine Bildsprache. Hier muss natürlich auch festgestellt werden, dass die mit Bildern hergestellte Verständigung weder zeit- noch grenzenlos ist, wie «Bilder ohne Worte» dies gerne glaubhaft machen wollen. Beinahe ohne Worte auszukommen scheinen die Piktogramme. Zeitweise glaubten viele, mit ihnen sogar eine Art Sprachersatz gefunden zu haben. Die Abstraktion der Piktogramme, ihre auf den Strich und wenige Richtungsverläufe reduzierte Uniformität suggeriert uns eine internationale Verständlichkeit. Dies stimmt so lange, als wir den Bildanspruch nicht höher veranschlagen als denjenigen, den wir seit Jahrzehnten gewohnt sind. Im Sinne eines Befehls folgen wir den Piktogrammen wie Verkehrszeichen. Die Urmodelle der Piktogramme, wenn auch aus anderen Regelmustern gebildet, finden sich nicht erst in den Programmen der Computergrafiker. Der Weg zurück führt bis zu Hieroglyphen, die als Bildsprache lesbar sind. Die Auslegung lässt, nach dem Verschwinden der einst bekannten Konventionen, verschiedenste Auslegungen zu – auch falsche. Würde man Piktogramme aus derselben zeitlichen Distanz interpretieren, wären die Irrtümer ihrer Auslegungen kaum geringer.

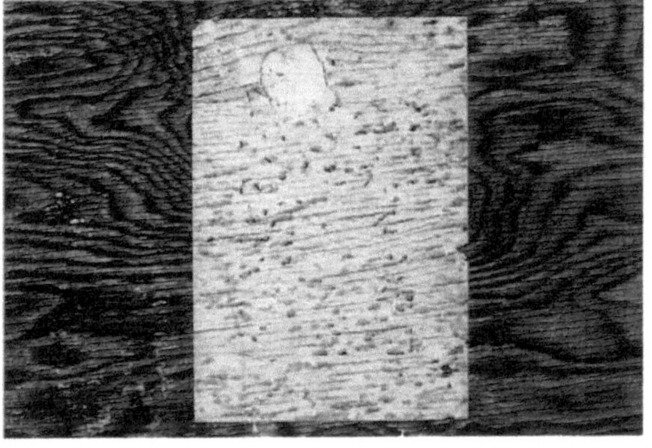

Dasselbe gilt für die Bildinformationen. Mit dem Vergessen einstiger Botschaften öffnen sich die Formen für das von Vorlieben abhängige Auge. Schon Leonardo da Vinci machte uns darauf aufmerksam, welch grosse Zahl von Bildern sich hinter amorphen Mauerflecken verbergen. Die Voraussetzung, die aus dem Amorphen Bilder werden lässt, ist unsere physische und mentale Erfahrung, die während des Betrachtens Bildinformationen modelliert. Flecken, Liniengewirr, fliessende Helligkeitsverläufe, das Breiige, das Durcheinander sucht unweigerlich nach den Formen im Kopf, wenn das Bedürfnis nach Sinn und Gestalt entsprechend angeregt wird. Das Formlose kann durchaus den Vorstellungszwang anregen. Das Faszinierende geht ja bekanntlich vom Geheimnisvollen aus, und der verlorene Sinn will genauso gefunden werden wie ein verlorener Schlüssel. Mit dem Unterschied, dass der Fund ein neuer Sinn sein kann, weil der ehemalige, ob aus Informationsmangel oder irrtümlich, nicht mehr zu erkennen ist. Andeutungen vergegenwärtigen wir uns durch den uns allen eigenen Vorstellungszwang. Vorhandene Erinnerungen, aber auch Dinge, die wir vermissen, werden vorstellbar durch die Fragmenthaftigkeit und Offenheit von visuellen Zeichen.

## Abnutzen

## Benutzen

*Orientierungen in der Mitte, am Rand oder oben/unten.*
In verschiedenen Bildschichten gestalterische Prinzipien sichtbarmachen, um im «Alles ist möglich» das «Wenig ist sinnvoll» zu erkennen.

## Bildwege

*Gleiche Werte: denken, machen, schlussfolgern.* Unterscheidung nicht als zwingendes Nacheinander, sondern als ständiges Hin-und-Her. Auch mit geschlossenen Augen lässt sich die Sicht verbessern, solange bildhafte Ideen immer wieder offene Ohren finden.

## Dimensionen

*Das Feld gemeinsam erweitern.* Wir machen, wir reissen ab, wir verneinen, wir transformieren, wir verbergen, wir streben nach Gestaltqualität, und wir bebauen das Bildfeld.

## Kreativität als Gemeinschaftsform

*Die individuellen Sinne und der Gemeinsinn.* Unsere Sinne besitzen die Fähigkeiten der schnellen Selektion zwischen der Wahrnehmung und der Ausblendung. Das entwickelte Gefühl spielt bei dieser Selektion eine wesentliche Rolle. In diesem Stadium werten wir nach einem ungeschriebenen, individuellen Muster.
Gruppenarbeiten, die nicht einfach der spezialisierten Arbeitsteilung (Denkteilung) unterliegen, ähneln einer Nachrichtenagentur, die vorerst nur Geschichten austauscht. Erst die Erfindung von geeigneten Spielregeln, die über die Art der Zusammenarbeit bestimmen, erlauben eine effiziente Arbeit mit einem breiten Entscheidungsnetz. Individualität muss sich im Gemeinsamen verankern können.

## Weitermachen, bis es misslingt

*Sich erinnern an gelungene Zwischenstufen.* Bilder sind reversibel, damit ist auch das sogenannte misslungene Bild geeignet, um an die gelungene Form zu erinnern oder die Frage nach der besten Form zu stellen. Mit Fingern und Händen Frakturen gestalten, um im Zusammenfügen das Ganze und das Gemeinsame im Auge zu behalten.

## Schreibarten

*Die Linke weiss, was die Rechte tut.* Die physische Art, um Bilder zu schreiben, erlaubt keine Unterscheidung und Teilung zwischen der rechten und der linken Hand, zwischen dem Sprach- und dem Bilddenken.

## Zeichnen

Meine Damen und Herren

Wenn ein Lehrer, der bildnerisches Gestalten unterrichtet, über seine Arbeit spricht, ist es naheliegend, dass er beweisen möchte, dass ein Leben ohne Bilder öde und leer ist. Schrecklich die Vorstellung, dass das Füllhorn der bildenden Kunst sich mehr durch Leere auszeichnet als durch Fülle. Dem werden Sie – auch ohne grosse Beweisführung – mehr oder weniger zustimmen können. Etwas schwieriger wird's allerdings dann, wenn der Beweis erbracht werden sollte, wir alle hätten – zum bestehenden und wachsenden Berg – zusätzlich noch Bilder herzustellen, uns zeichnerisch zu betätigen, mit Farben und Formen Flächen zu gestalten, mit Fotoapparaten unsere Umwelt zu terrorisieren, mit Videokameras die bewegte Menschheit zu verfolgen, dem Natürlichen mit dem Künstlichen (oder gar mit Kunst?) zu begegnen und und ... Ich muss Ihnen ein Geständnis machen (obschon ich weiss, dass Geständnisse vor versammeltem Publikum immer etwas leicht Exhibitionistisches an sich haben): Ich kann mir ein Leben mit weniger «Bildern» nicht nur vorstellen, ja ich erachte es als geradezu wünschenswert, denn weniger ist auch mehr. Alle Welt jammert über die uns allgegenwärtig

*Zeichnen aus der Schulterpartie:* Linien ziehen mit einer stark federnden Liniengabel, die auf Druck und Zug reagiert (zwei Kugelschreiberminen).

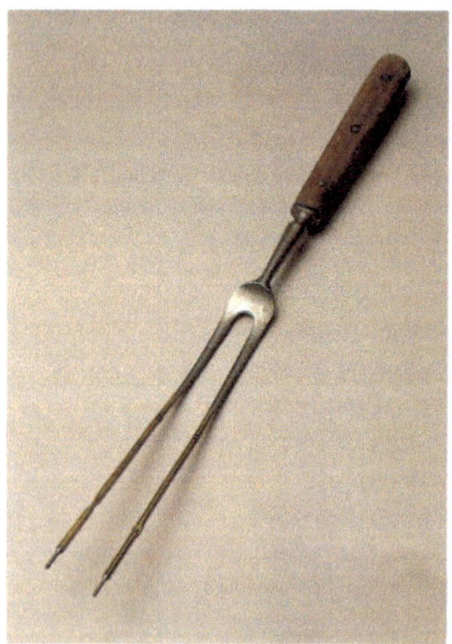

umbrandende Bilderflut, die Sehnsucht nach der Ebbe ist also nur allzu verständlich. Dagegen ist eigentlich nur ein Kraut gewachsen: Wir müssen versuchen, aus Ihnen, den Konsumierenden, Produzierende zu machen. Was hier, wenigstens vordergründig gesehen, als das genaue Gegenteil von dem anmutet, was – wie erwähnt – erstrebenswert wäre, nämlich weniger Bildern ausgesetzt zu sein. Mein Postulat entpuppt sich bei genauerer Betrachtung dennoch als eine gute und taugliche Möglichkeit, um «gesundzuschrumpfen». Jene eigenartigen und eigensinnigen Produzenten, die selbst Hand an die Bilder legen, verzichten erfahrungsgemäss leichter auf unsinnige und überflüssige Konsumangebote der Bildindustrie. Diese Regel ist einfach, aber trotzdem nicht falsch. Sie gilt auch für uns und unsere ausufernden Bilderberge. Natürlich weiss ich, dass auch in der Welt der Bilder Konsumenten und Produzenten sich gegenseitig bedingen. Erlauben Sie mir zur Erläuterung des Gesagten, Ihr inneres Auge um Jahre zurückblicken zu lassen: Selbst die von Ihnen im Alter von vier Jahren hergestellten Zeichnungen wurden von Ihnen nicht für die Schublade, den Abfallsack oder aus reinem Selbstzweck gestaltet. Auch als vierjähriges Kind haben Sie kaum lauthals verkündet, der Weg sei nun einmal wichtiger als das Ziel, gerade dann nicht, wenn während des Zeichnens und Malens sich bei Ihnen die reinste Selbstvergessenheit breitgemacht haben sollte. Sie als Kind, in unserem Beispiel also der Produzent, werden für das Angefertigte sicherlich verständnisvolle Augen gesucht haben, nämlich die Aufmerksamkeit der Konsumierenden, und wenn daraus vielleicht ein Lob oder eine Ermunterung für das von Ihnen Geleistete erwuchs, entstand daraus ein Motiv. Motiv-

*Zeichnen aus dem Unterarm:* Linienfragmente hacken mit einem schweren Metalligel. Dasselbe Werkzeug lässt sich auch leicht übers Papier führen (Eisenspitzen und drei Kugelschreiberminen).

vorräte müssen wir alle äufnen, um damit anschauliches Denken zu üben, aber auch um selbstbewusste Bildkonsumenten werden zu können, die endlich auf Bildqualität bestehen. Wer Kriterien für die Beurteilbarkeit des Sichtbaren hat, welche auch immer, wird eben doch weit weniger ein Opfer der Beliebigkeit von all dem, was ihm aufoktroyiert wird. Das Kind braucht allerdings noch keine ausgeklügelten Kriterien, ihm genügt allein die Motivation zum Spiel, oder wieder anders ausgedrückt: die Freude. Kritzeln, schmierend Gestalten formen, mit Bildfragmenten (Collagen) neue Sinngestalten finden, sichten und sammeln, damit Materialien greifbar sind, die ja nur darauf zu warten scheinen, dass daraus sich Neues bilden lässt – diese Fähigkeiten existieren in uns allen. Genauer: existierten in uns allen. Ohne Ausnahme. Punkt. Diese Motivation – auch die Ihre – führte möglicherweise zu anderen Ausdrucksmitteln als zu den gerade beschriebenen. Und die darf ich und will ich nicht herabmindern.

Unter Ihnen befinden sich Talente, die nur ein paar Geräuschfragmente zu hören brauchen und schon hört ihr Ohr und Hirn ein eigenwilliges Geräuschmuster. Oder die Kommunikationsbegabten unter Ihnen, die es bestens verstehen, schon den kaum wahrnehmbaren Gesichtsausdruck in Informationen umzudeuten, ganz zu schweigen von derjenigen Frau, die mir auf dem Weg in einen Hörsaal erklärte (sie sass immer an demselben Platz), welche Sitzgelegenheit für sie persönlich die beste sei, um möglichst schnell ins Freie zu gelangen. Ihre Motivation verleitete sie nicht ausgerechnet dazu, den Platz

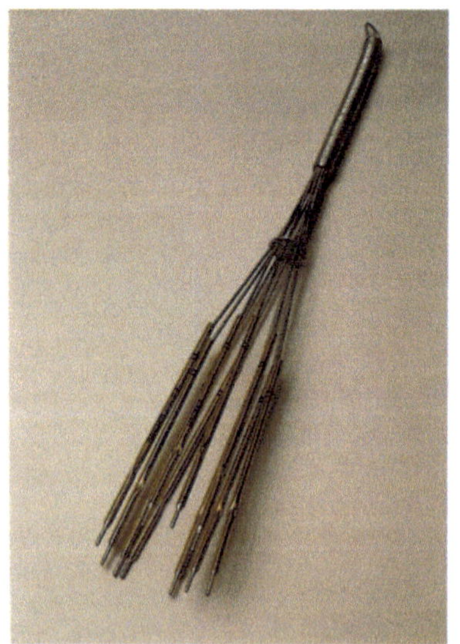

*Zeichnen aus dem Handgelenk:* Linien rhythmisch schlagen mit einem Schwingbesen (zehn Kugelschreiberminen).

mit der besten Sicht oder Akustik zu wählen, sondern denjenigen mit dem kürzesten Fluchtweg, nicht für den unwahrscheinlichen Fall eines Brandes. Die ausgeklügelten Überlegungen wurden allein deswegen angestellt, um bei steigendem Motivationsverlust gegenüber dem gebotenen Stoff möglichst schnell in motivationsversprechendere Regionen zu verschwinden. Dies ist anekdotisch und damit auch lediglich eine Teilwahrheit und erst noch eine persönliche. Auch die grosse Fülle von verschiedenen Motivationsfeldern, die hier in diesem Saal vorhanden sind, richten sich immer nur auf kleine Teile unserer Wahrnehmung, auf Einzelaspekte unserer Gefühle, auf eine begrenzte Zahl von Vorlieben. Die bewegende Motivation gewinnt ihre Konturen gerade durch die Art, in der Widersprüche, Dissonanzen, Fragmentisierungen erlebt werden, eine Wahrnehmung, die Brachen und Ränder akzeptiert, die mit Lücken nicht nur leben muss, die sogar die Vorteile des Lückenhaften kennt, weil eine richtige Motivation schlichtweg nicht alles, was auch noch möglich wäre, zulässt. Aber selbst dann, wenn wir, und wer von uns macht dies nicht, eine Verlust- oder Gewinnbilanz ziehen, wissen wir nicht so recht, wieviel Motivationsgewinn oder -verlust wir in unserem Leben (oder müsste ich sagen an unseren Schulen?) ständig erfahren oder erleiden.

Wir alle wissen es. Die ersten und frühen Jahre der Kindheit zeichnen sich aus durch ein unerhörtes Motivationspotential. Man will entdecken, mehr wissen, lernen, Spuren setzen usw. Auch Spuren, verursacht durch einen Stift, Farbrückstände, Bildfragmente oder zusammengesetzt aus weggewor-

*Zeichnen aus der Handfläche:* Linien reiben und schleifen. Die mit Schleifpapier beschichtete Schale liegt gut in der leicht gewölbten Handfläche (Kohle und Schleifpapier).

fenen Drucksachen und Abfällen aller Art. Aber, wie bei jeder Wirkung, existieren bekanntlich auch Ursachen, die Wirkungen verursachen. Und diese liegen für die meisten erwachsenen Menschen so weit zurück, dass ihr Erinnerungsvermögen den Verlust der Ursachen, die einstmals zu den uns bekannten Wirkungen führte, kaum mehr erkennen lässt. Die häufige Frage an Kunstschaffende: «Wann begannen Sie mit Zeichnen und Malen?» hätte eine Bedeutung für uns alle, wenn sie lauten würde: «Wann haben Sie mit Zeichnen und Malen aufgehört?» Die Motivationen verschieben sich, was nur natürlich ist. An die Stelle alter Motivationen treten neue, und damit auch wieder neue Fähigkeiten. Also kein Grund, zu jammern und zu lamentieren? Sicher nicht – aber ein Verlust an Anschaulichkeit im Kosmos unserer Bilder bleibt eben doch ein Verlust. Wer von Ihnen, der nicht gerade einen gestalterischen Beruf ausübt, hat den Mut, Bilder nicht nur zu nutzen, sondern darüber hinaus noch an die Wand zu hängen, gerade so, als ob es sich um Kunstwerke handelte und nicht etwa nur um blosse Kommunikationsmittel? Bei der Kunst spricht ja dann auch niemand mehr von einem Beruf, die Bezeichnung Beruf wandelt sich dann zur äusserst selten vorkommenden Berufung. Und berufen können nicht alle sein, dies gilt natürlicherweise nur für einzelne Auserwählte. Hier wird ein Verlust durch eine raffinierte Wortwahl legalisiert und damit auch nicht als persönlicher Verlust erkannt beziehungsweise darüber hinaus noch ergeben hingenommen. Auch Hochbegabte verkümmern, wenn sie ihre Möglichkeiten nicht ausprobieren können. Diese Begabungen zu entdecken, ist ein Wahrnehmungsproblem, das die Lehrenden gemeinsam mit den Lernenden lösen müssen.

*Zeichnen aus der Faust:*
Linienfragmente auftragen und aufpressen (neun Kohlenstifte).

Die ursprüngliche Fauna der Bilder, das anschauliche Denken, ist aber immer und in jedem Lebensalter vorhanden; zum Beispiel auch in der Sprache und in unseren Gesten. Heimlich sind wir immer auf dem Sprung in die Bilder zurück. Alles, was wir um uns herum sehen, existierte zuerst einmal als Bild. Der erste Bildner war der liebe Gott; und er hat sein Schöpfertum auch gleich mit einem Copyright, nämlich mit dem Bildnis-Verbot, belegt. Für mich Grund genug, um Sie, die Anwesenden hier im Saale, Studentinnen und Studenten, zum bildnerischen Denken anzuregen. Jede Vorlesung, jede Übung dient diesem einen Ziel: sinnvolle Bilder zu gestalten, die übertragbar sind auf vielfältige Bildvorstellungen. Es ist der nackte Egoismus, der mich dazu zwingt, Ästhetik – also Wahrnehmung – mit den Mitteln des bildnerischen Denkens zu untersuchen. Aber nicht mein Egoismus soll Sie hier beschäftigen, sondern Ihr Egoismus muss Sie interessieren. Das Sinnvolle ist das Vernünftige. Lassen Sie mich dies erläutern.

Am Anfang habe ich behauptet, dass die Bilder, die Sie gestalten, mit Kunst nichts zu tun hätten oder fast gar nichts. Erlauben Sie mir, auf jenen Rest zurückzukommen, der doch einiges mit der bildenden Kunst gemeinsam haben könnte. Ein Kunstwerk ist unter anderem auch immer etwas Neues. Was sollte neu sein an einem Bildresultat, das aus einer Problemstellung, mit der ich Sie konfrontiere, erwächst? Abgesehen davon, dass dabei Bildmuster entstehen, die – wenn auch nur in seltenen Fällen – neu sind, gibt es das Neue auch auf indirekte, versteckte Weise. Selbst ein Bildresultat, das

*Zeichnen aus den Fingerspitzen:*
Linien übers Papier streichen,
Linien kämmen (achtzehn Kugelschreiberminen und Kamm).

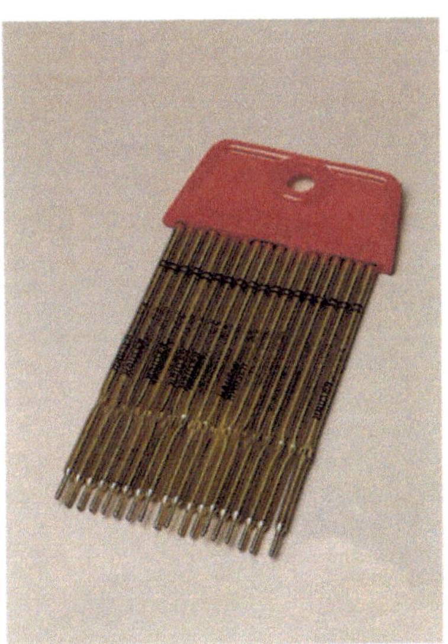

für den informierten Betrachter frühere Quellen offensichtlich macht oder unter Berücksichtigung gerade einer früheren Urheberschaft gestaltet und untersucht wurde, enthält das Neue. Dieser Grad von «neu» war von jeher wahrscheinlicher als die Geburtstagsfeier der «Stunde Null» einer Leistung und damit einer vermeintlichen Urheberschaft. Es gibt nicht nur eine neue Sicht der Dinge, es gibt auch eine neue Sicht bekannter Bilder. Die meisten, die dies nicht einzugestehen wagen, sind ausgerechnet die Künstler selbst. Ideenkeime können also sehr gut von anderen Ideen ausgehen; die Hauptsache ist, dass man offen ist für sie, sie auch erkennt, wenn sie mehr dem Gefundenen zuneigen als dem Erfundenen. Das leere Papier kann für diesen Kunstgriff, der darin besteht das Finden aufzuwerten, eine zusätzliche Erschwerung darstellen. Aber was wäre geeigneter als Bilder, um die Fähigkeit des Perspektivenwechsels zu üben? Ich verstehe die Studierenden nur zu gut, die sich als wahre Erfinder und Erfinderinnen von Vorwänden entpuppen, wenn es darum geht, die makellos weisse Papierfläche nicht mit ersten gestalterischen Spuren zu versehen (oder wie sie befürchten: zu verunstalten). Und hier wird ein Defizit sichtbar, das (wenn auch, auf irrtümliche Weise, negativ wirkend) eine gute Voraussetzung für eigene Bildvorstellungen werden könnte, ähnlich einem bereits vorhandenen Talent (das ja nur vordergründig alles leicht von der Hand fliessen lässt). Sich wehren, damit nicht nur das angeborene Können zählt, ist nicht nur instinktiver Reflex. Sich wehren kann auch pädagogische Methode sein, die nicht weniger erfolgversprechend sein muss als das sogenannte vielversprechende Talent, um einen stetigen Wertzuwachs im bildnerischen Denken zu erleichtern.

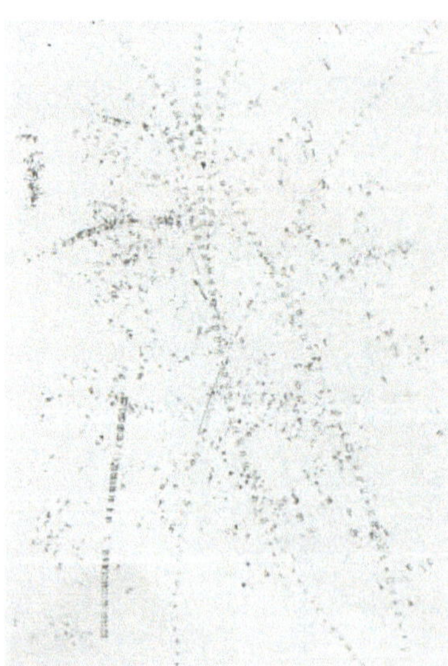

*Zeichnen mit dem ganzen Körper:* Buchstaben rhythmisch schlagen mit Typenkugeln, die an Trommelschlägern angebracht sind (Papier, Pauspapier, Typoschläger).

Sind nicht Sie es, die in einer Kunstausstellung mit grösster Aufmerksamkeit sich dem Ausstellungsgut widmen? Sind nicht auch Sie es, die Künstlern und Künstlerinnen Fähigkeiten attestieren, die ebenfalls für Sie wünschenswert wären? Diese Fähigkeiten, die nur bei wenigen zu eigenen Bildern führen, die wiederum nur bei wenigen konkrete Gedanken formen. Bilder formen also Gedanken, sie sind selbst denkwürdig. Die Bilder der Gegenstände auf der Netzhaut des Auges ebenso wie die gemalten, skizzierten und fotografierten Bilder an irgendeiner Ausstellung. Der Gedanke, dass Bilder und Denken verwandt sind, müsste uns eigentlich genügen, anschauliches Denken auch als Erwachsene wieder aufzunehmen, selbst dann noch, wenn kein beruflicher Anlass dies erfordert. Wir können dies durch eigenhändiges Üben entdecken, so wie es die Sprache ja sagt, indem sie das Begreifen auf Greifen zurückführt; dies gilt auch oder sogar besonders für Bildgewohnheiten. Das Wort üben hat zwar bei den kreativen Zeitgenossen einen äusserst schalen Beigeschmack, der sich aber meist dann verflüchtigt, wenn erkannt wird, dass beim sogenannten Üben unausweichlich Abweichungen und Unterschiede auftreten. Abweichen vom Bekannten, Variieren dessen, was uns als geläufig erscheint, bis dadurch eine Sprache entsteht, die auch zu Neuem ermutigt, ist für uns alle wünschenswert. Etwas Farbe, etwas Papier, ein paar Striche garantieren natürlich noch lange keine kleinen Erfindungen. Trotzdem: Ein Stück Eigenständigkeit schlummert in jedem Übungsresultat. Gerade im bildnerischen Denken und Tun ist eine Autonomie verkörpert, die sich aus einem Entstehungsprozess ergibt, den wir eigenhändig von A bis Z, vom Anfang bis zum Ende selbst beein-

*Das Zeichnen erschweren:* Spuren in einen Braunkohleblock ritzen und sägen. Der Block passt schlecht in die Hand und lässt sich kaum übers Papier führen, die Spuren entstehen nur unter Anstrengungen (Braunkohleblock, Sägeblätter und Nägel).

flussen können. In einer arbeitsteiligen Gesellschaft ist der Begriff der Autonomie ja meistens reine Augenwischerei oder gar Selbstbetrug, den viele auch noch gerne lauthals verkünden, um nicht ständig an die eigene Abhängigkeit erinnert werden zu müssen. Von andern abhängig zu sein, ist ja nicht grundsätzlich schon negativ, wenn sie nicht nur Gemeinsamkeit zulässt, sondern sie gar im sozialen Sinne fördert. Gerade weil das Leben ohne Abhängigkeit nicht möglich ist, kommt der Sehnsucht nach Autonomie ein nur allzu verständlicher Stellenwert zu und damit auch unweigerlich den eigenen Bildern. Damit bin ich wieder am Anfang meiner Ausführungen. In der frühen Kindheit waren wir alle unsere eigenen Autoritäten hinsichtlich des Prozesses, mit dem wir Zeichnungen und Bilder formulierten und weitergaben. Sich einfach daran zu erinnern hilft leider noch nicht viel, da der Erwachsene für diesen Verlust Worte verwendet, die einen verwerflichen Beigeschmack haben. Der Erwachsene darf bekanntlich nicht stammeln (beim Zeichnen würde dies vielleicht einer unbeholfenen Form des Skizzierens entsprechen), der Erwachsene verschmiert nichts – schon gar nicht mit seinen Fingern (beim Zeichnen würde dies möglicherweise dem Darstellen von Licht und Dunkelheit entsprechen), der Erwachsene mogelt nicht (beim Zeichnen würde dies etwa den Formen der optischen Täuschungen entsprechen), der Erwachsene widerspricht sich nicht ständig (beim Zeichnen wird überzeichnet, radiert und werden verschiedene Ansichten gegeneinandergesetzt). Skizzieren, schmieren, tasten, täuschen, kontrastieren, verwischen, Spuren hinterlassen usw. gehören aber genau zu jenen Aktivitäten, die zu Bildern führen und die wir anderseits ausgerechnet mit «negati-

*Zeichnen gegen den Sinn:* Zeichnungen auswerfen aus einem mit Graphitpulver gefüllten Hohlzylinder, an dessen Seitenfläche sich Löcher befinden. Durch Stempeldruck wird das Graphitpulver aus dem Lochmuster gepresst und aufs Papier gestäubt (Aluminiumzylinder, Lochmuster und Graphitpulver).

ven» Wortbezeichnungen benennen. Schimpfworte bleiben nun einmal negativ besetzt und erschweren den Sinnwandel ins Positive. Die Kraft des negativen Denkens wird immer wieder fleissig mobilisiert, wenn es darum geht, das mangelnde Zeichentalent zu sanktionieren. Aber wir wissen doch ebenso genau, dass es auch die Kraft des positiven Denkens gibt. Um dies auch wirklich zu glauben und dem Negativen zu begegnen, braucht es etwas, was in unserer Gesellschaft ebenfalls als nachteilig gilt. Das Benötigte heisst schlicht und einfach: Einbildung – und genau die wünsche ich Ihnen. Eine Einbildung, die Ihnen helfen soll, eigenständig, eigenhändig Bildgewohnheiten zu entwickeln, selbst wenn Leonardos Genie in Ihnen eher den Selbstzweifel bestärken sollte.

*Zeichnen mit Hand und Nase:* duftende Linien aus dem Kosmetikroller, hier gefüllt mit einer Spezialtinte. Den Unterschied aufzeichnen zwischen Kosmetik und Ästhetik (Deoroller als Kugelschreiber, gefüllt mit Spezialtinte).

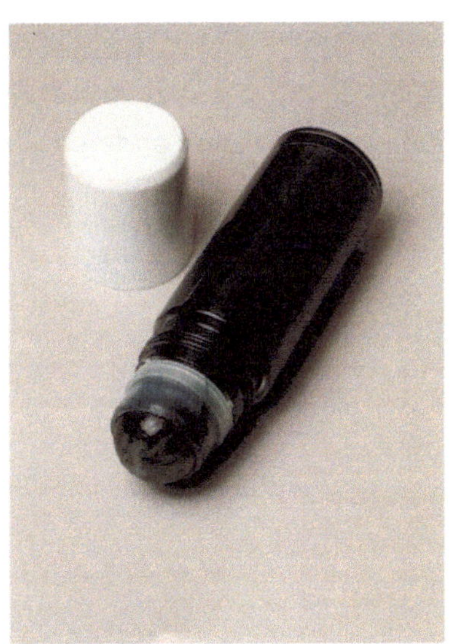

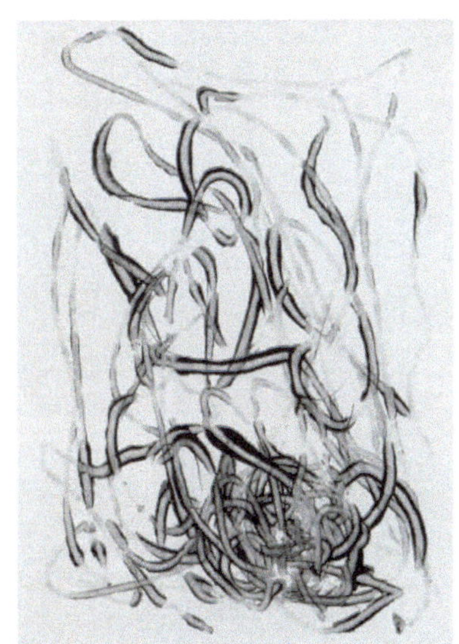

# Ausdrücken

## *transferieren und verwischen*

**Die Suche nach Bildordnungen im Mikrokosmos der «Haarlinien».**

*Klischeebilder sind eine ausgezeichnete Voraussetzung, um sich schnell zu verständigen. Die gewonnene Zeit lässt uns genügend Musse, um den Blick in andere Richtungen zu lenken.*

Alltägliche Erfahrungen so umsetzen, dass sich neue Sichtweisen ergeben, setzt die Begabung voraus, banale, triviale Tätigkeiten isolieren zu können, damit sie wieder sichtbar werden. Vieles von dem, was wir täglich tun, sehen und handhaben, geschieht automatisch, das bewusste Sehen wird dabei sehr nebensächlich. Die mangelnde Sicht wird heute ergänzt durch eine vermeintliche Sicht, derjenigen aus der Steckdose. «Sichtkonsument» zu sein setzt die Fähigkeit des Auswählens voraus. Die bisher nie gekannte Fülle von Bildern verlangt nach Kriterien des Bildkonsums, denn, wenn wir alle Bilder abrufen können, muss man es wirklich können, um Auswahlkriterien zu haben. Der Mangel an Sicht entsteht mindestens durch zweierlei Ursachen: erstens durch diejenige der Alltäglichkeit und zweitens durch das technische Verblüffungsspiel aus den Medien, und beides führt – wenigstens noch heute – zur Verbreitung allgemeiner «Denkblindheit». Die Achtungstellung vor dem Bildschirm lässt sich mit Spielformen lockern. Und hier bietet die Kunst eine Fülle von Möglichkeiten. Ironie und Schmunzeln sind Werkzeuge für die Beurteilung von Gestaltung, gerade dann, wenn sie schnell über den Bildschirm flutscht. Auch der Computer ist erst dann ein sinnvolles Werkzeug, wenn wir für die Kriterien des Auswählens neue Werkzeuge herbeiziehen, also etwas transferieren, unüblich betrachten und überraschend vergleichen, einfach geistig in Gebrauch nehmen (nicht nur erfinden, da die Ausdrucksmittel in der Kunst seit geraumer Zeit bereitstehen, man muss sie nur finden und anwenden). Das bildhafte Angebot aus der Steckdose steht in keiner Relation zum Beurteilungsvermögen der Konsumenten. Nur das Mittel, das uns erlaubt, wieder ganz bei Sinnen zu sein, erlaubt ein kulturelles Wachstum. Die Faszination vor dem Bildschirm braucht die Relativierung, die Wurzeln dazu finden wir in der Vorstellung der eigenen Überprüfungsmöglichkeit.

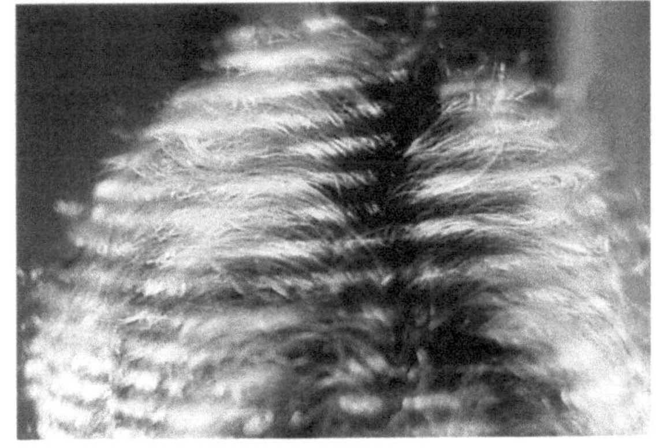

Die eigene Betroffenheit will und kann niemand für alles und jedes mobilisieren. Auswählen und ausschlagen können sind Eigenschaften, die in den schulischen Stundenplänen wie im Alltag förderungswürdig sind. Sich in der Bilderflut zurechtzufinden ist nicht weniger schwierig, als in den schulischen Stoffbergen auf diejenigen Inhalte zu stossen, die grösste Aufmerksamkeit mobilisieren. Der Lehrende pocht ja nicht selten auf seine Lehrfreiheit; als logische Entsprechung steht auf der Gegenseite die Lernfreiheit. Wir Lehrenden müssen auf der einen Seite an Anforderungen festhalten, aber andererseits die pädagogischen Mechanismen berücksichtigen, die unsere Anforderungen auch attraktiv machen bei unserem Zielpublikum, den Studentinnen und Studenten.

# Gesichtsausdruck

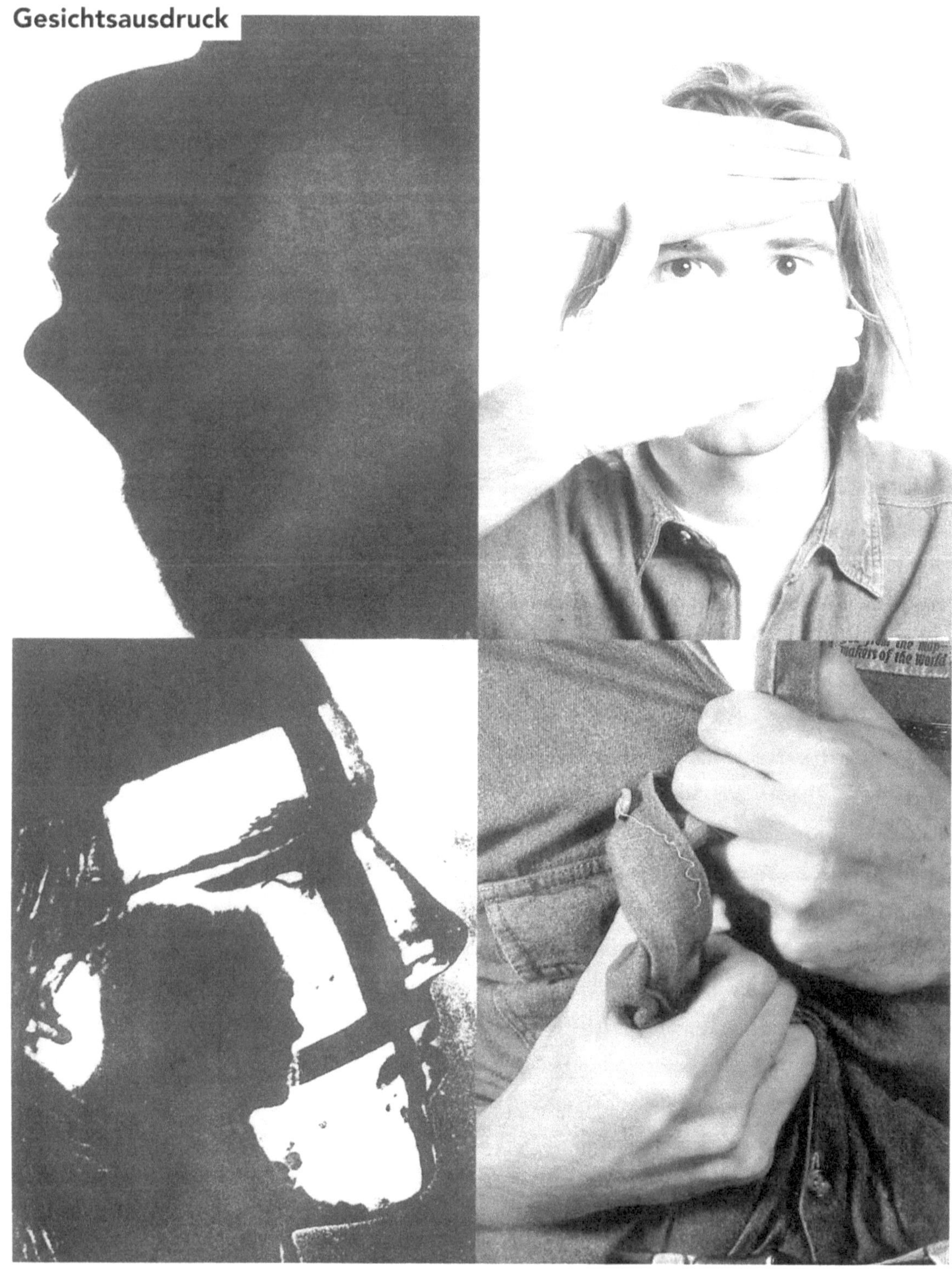

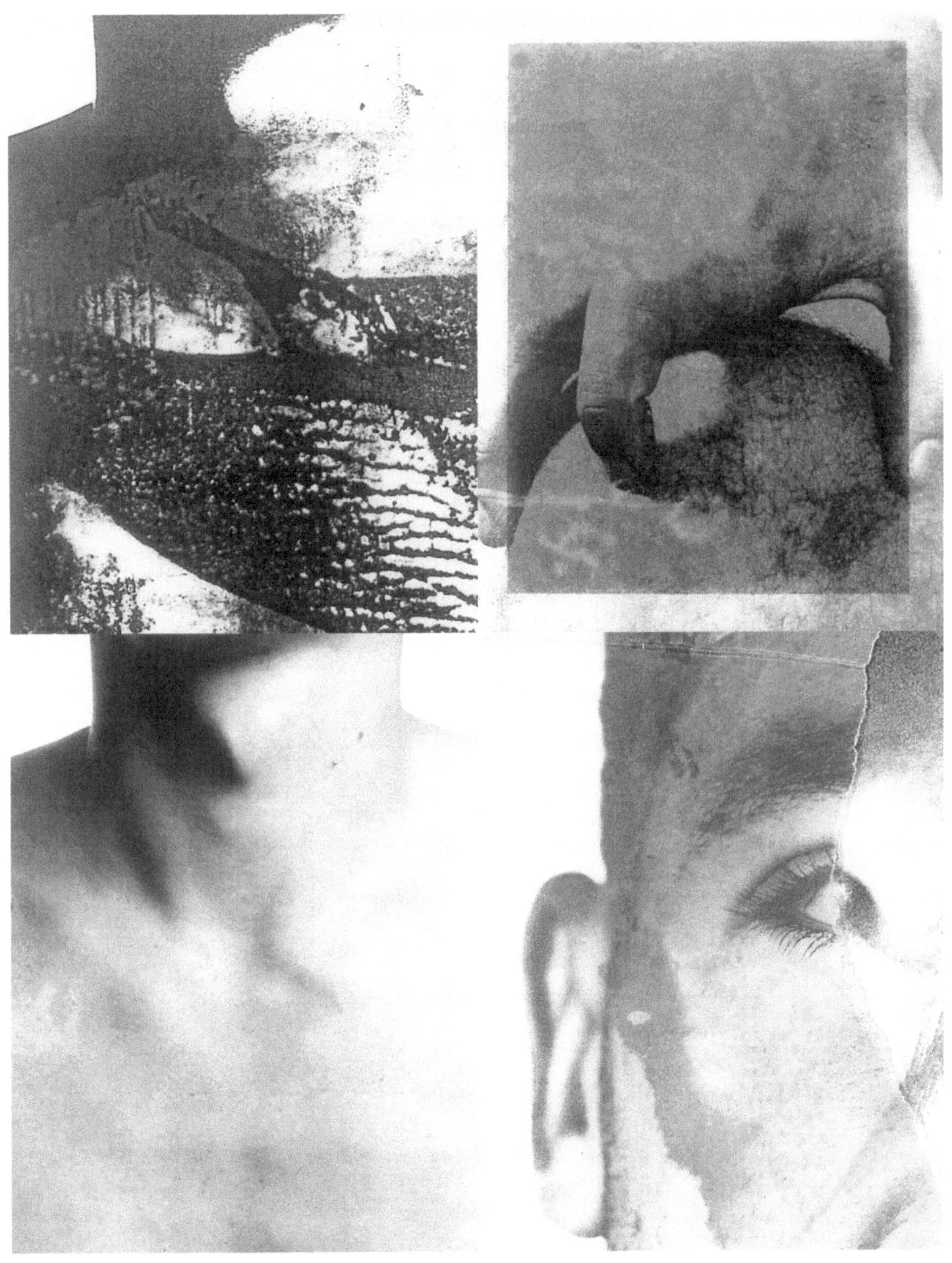

## Gesichtsabdruck

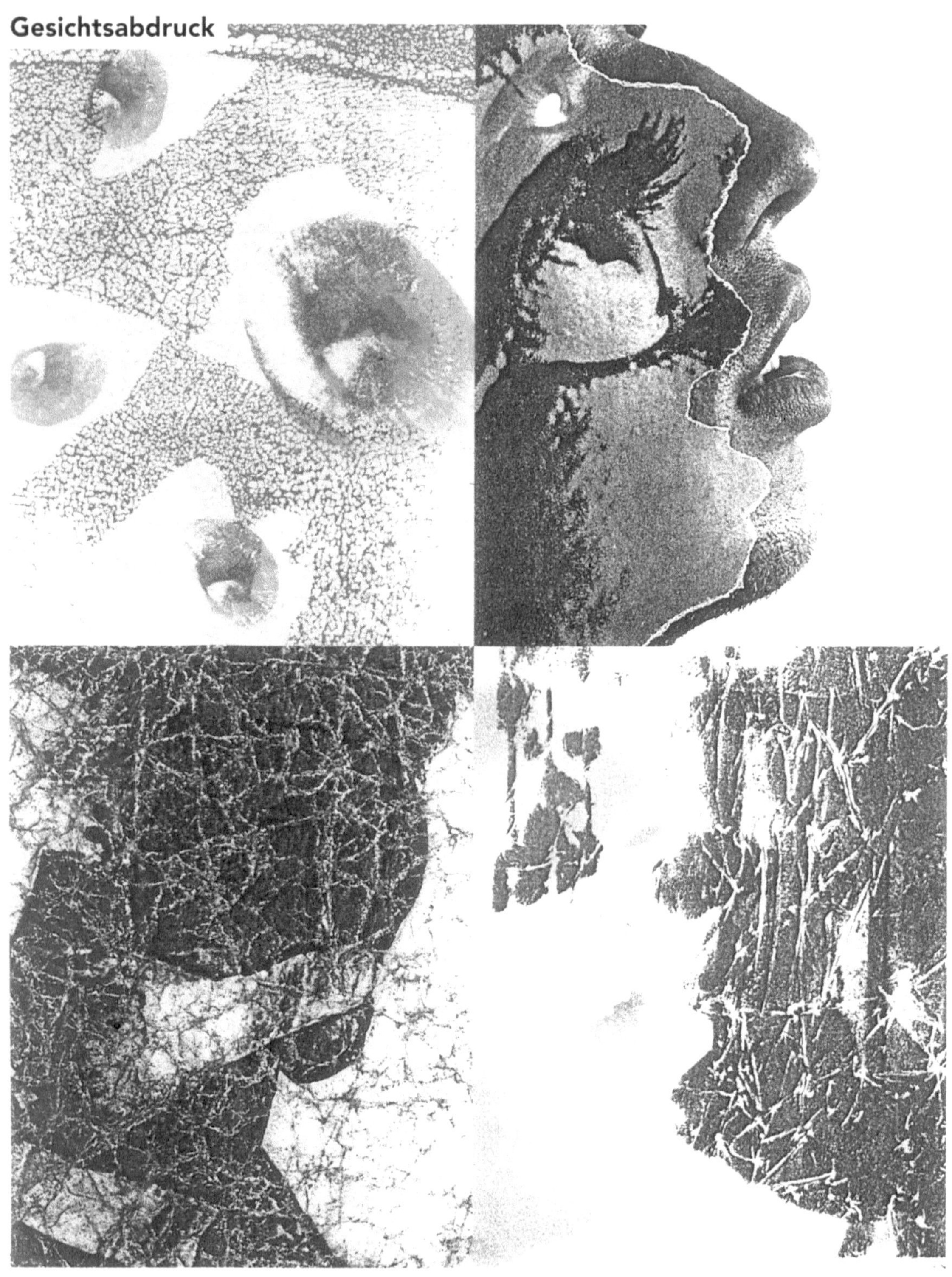

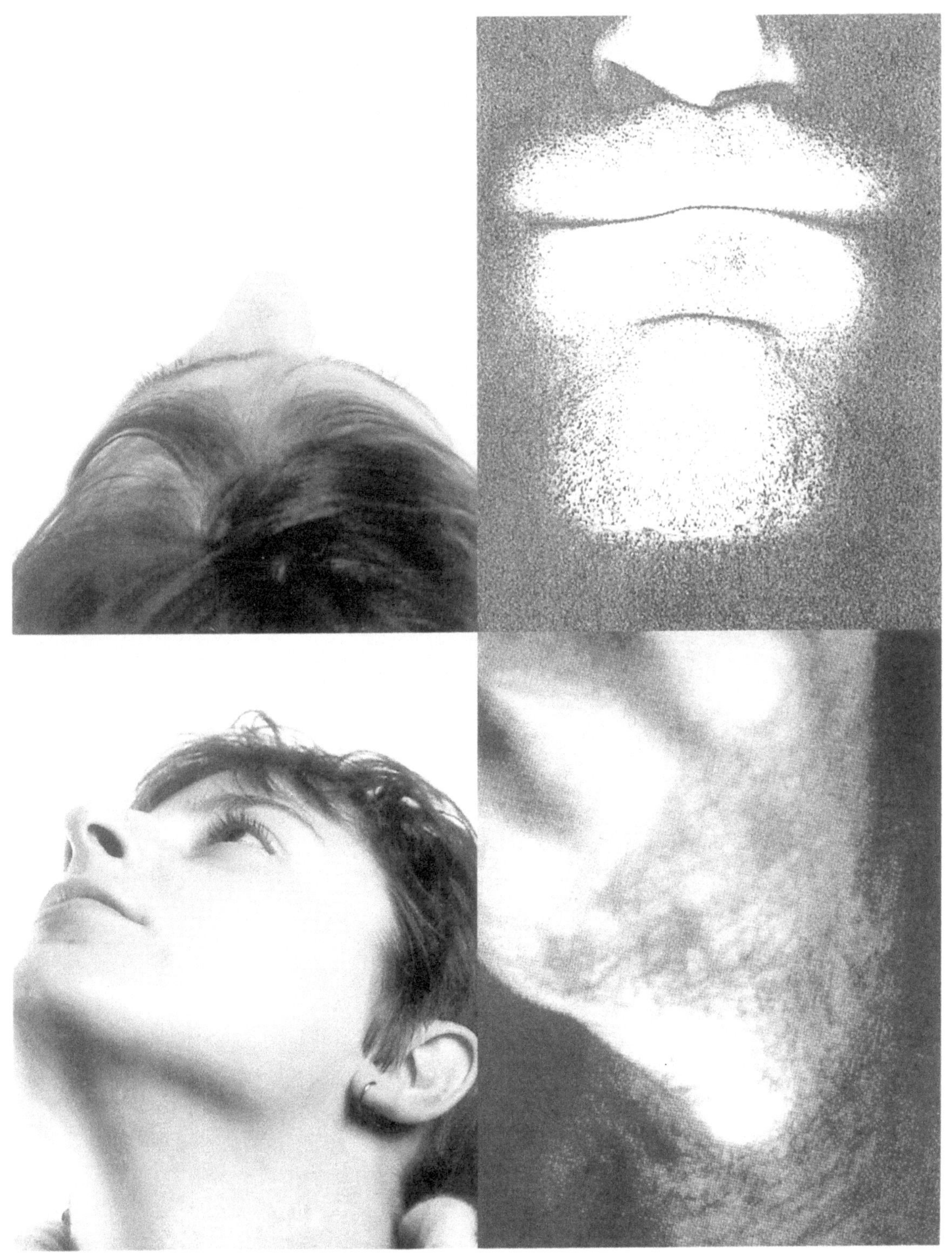

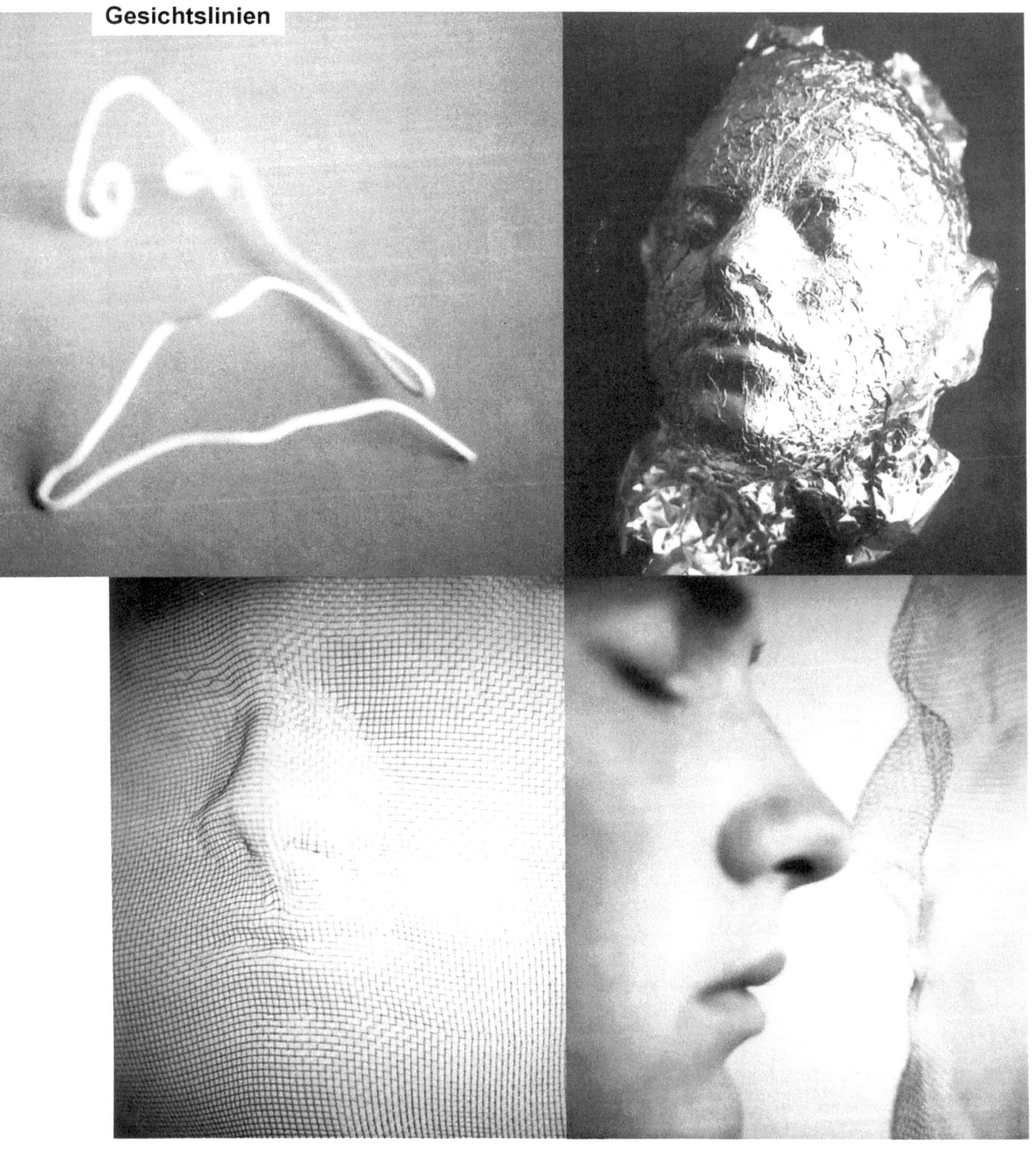
Gesichtslinien

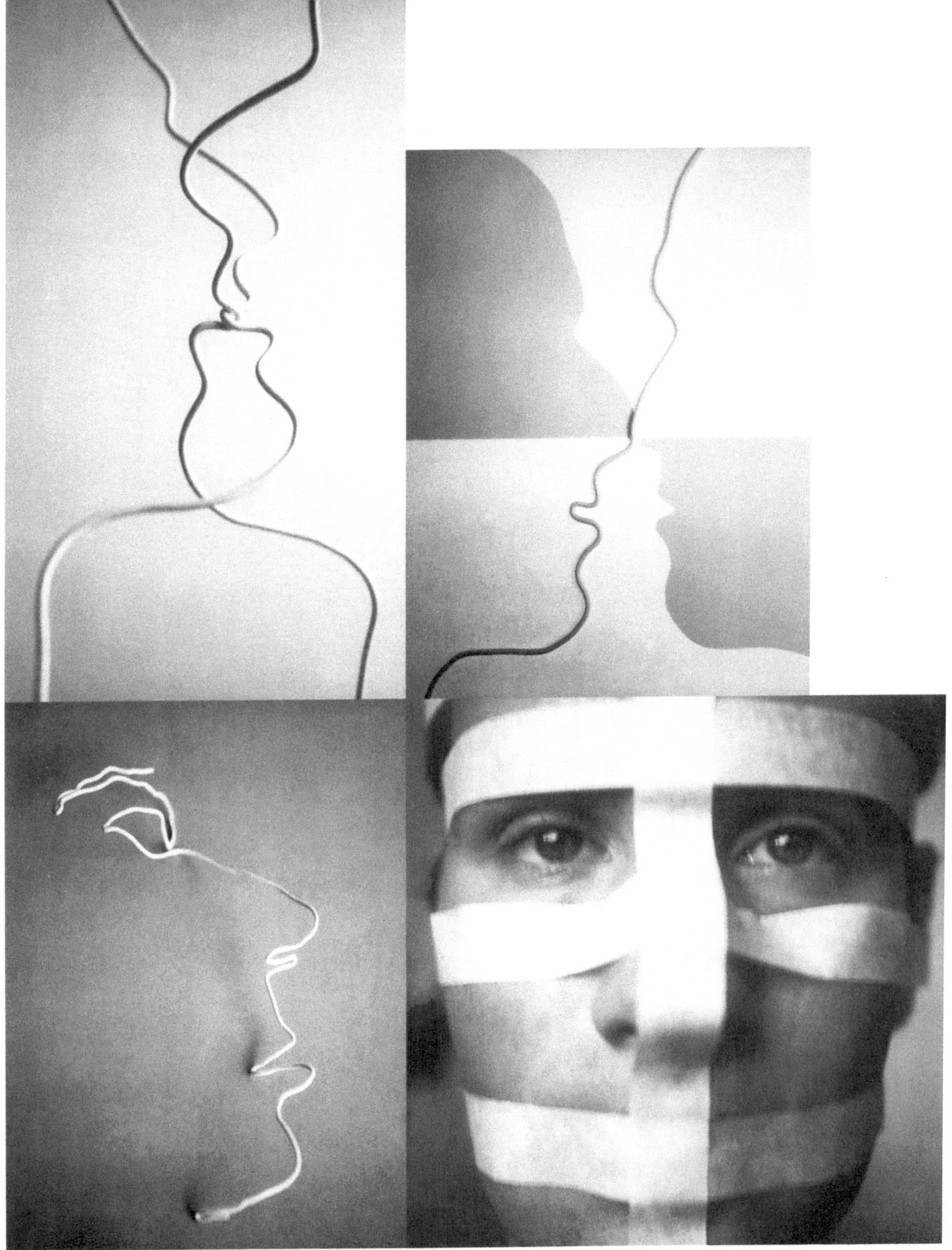

## Haarlinien

## Linienverlauf

## Liniengestalt

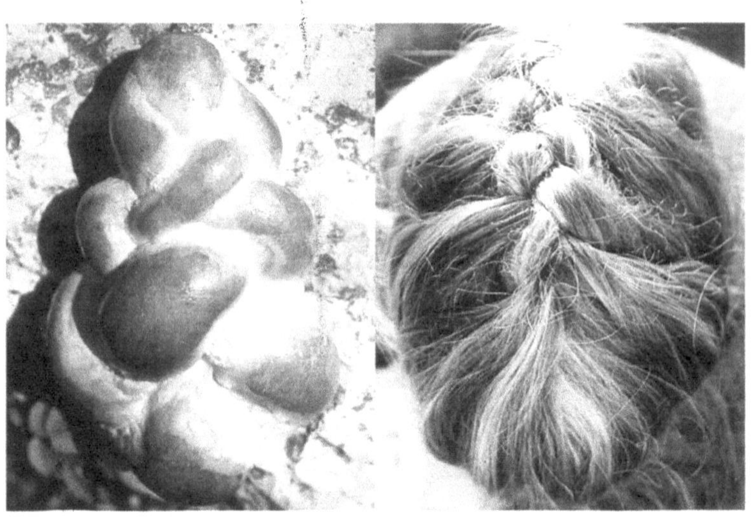

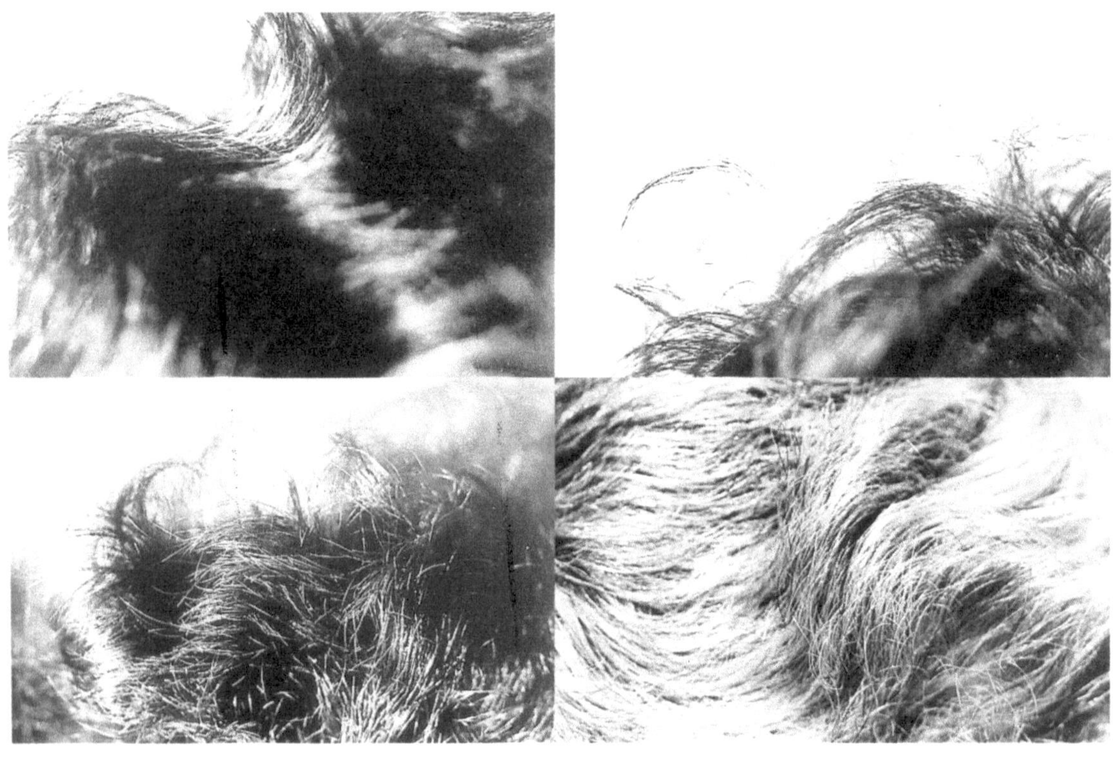

*Übertragen und vorstellen.* Wir können verschiedene Linien unterscheiden: spröde, stumpfe, volle, glänzende, trockene, fette, brüchige, dünne, gerade, gewellte, harte, weiche, verfilzte, gespaltene, gebündelte und wunderschöne Linien.

## Linienmuster

Kommunikation zwischen Kopf und Hand

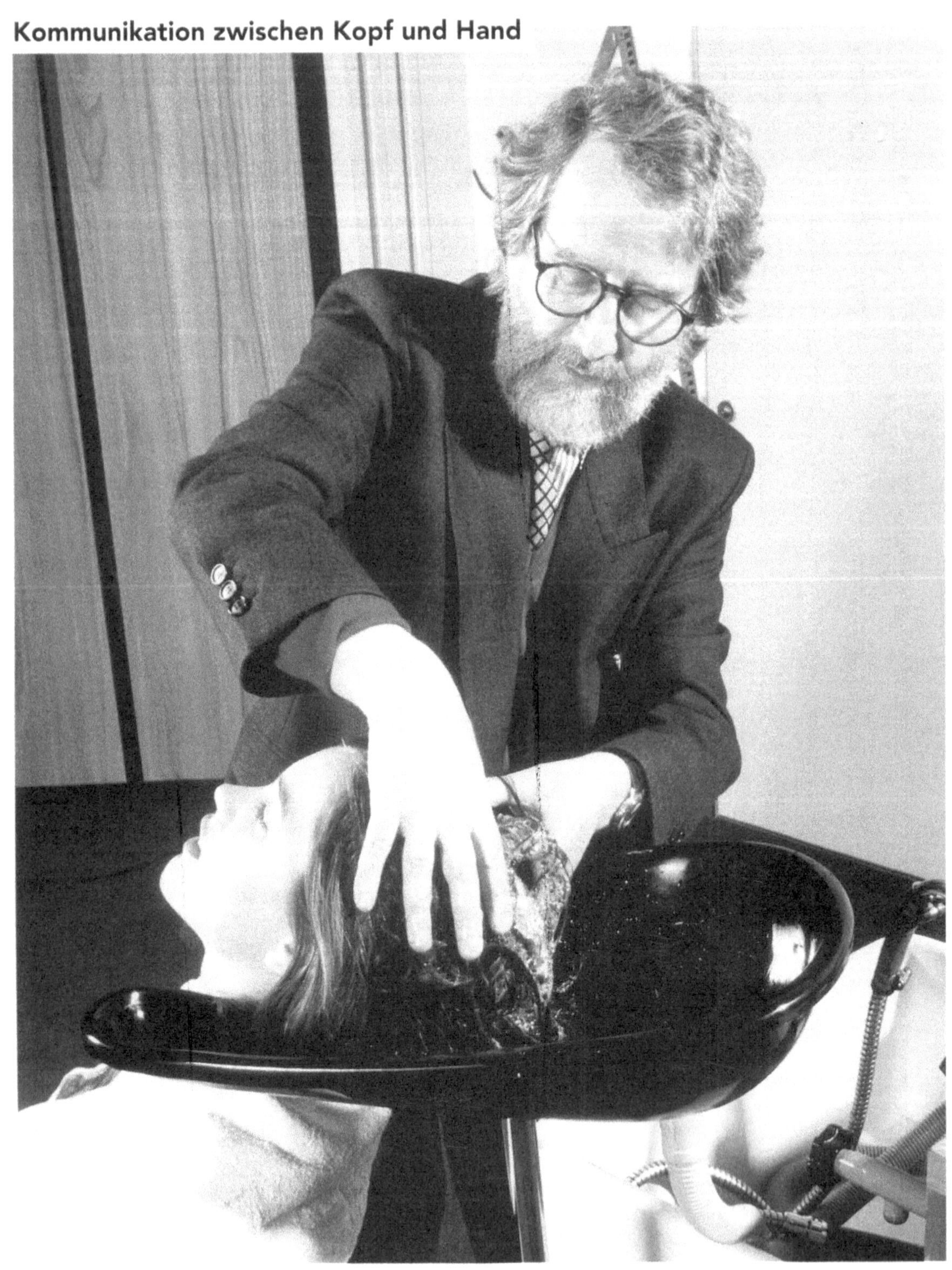

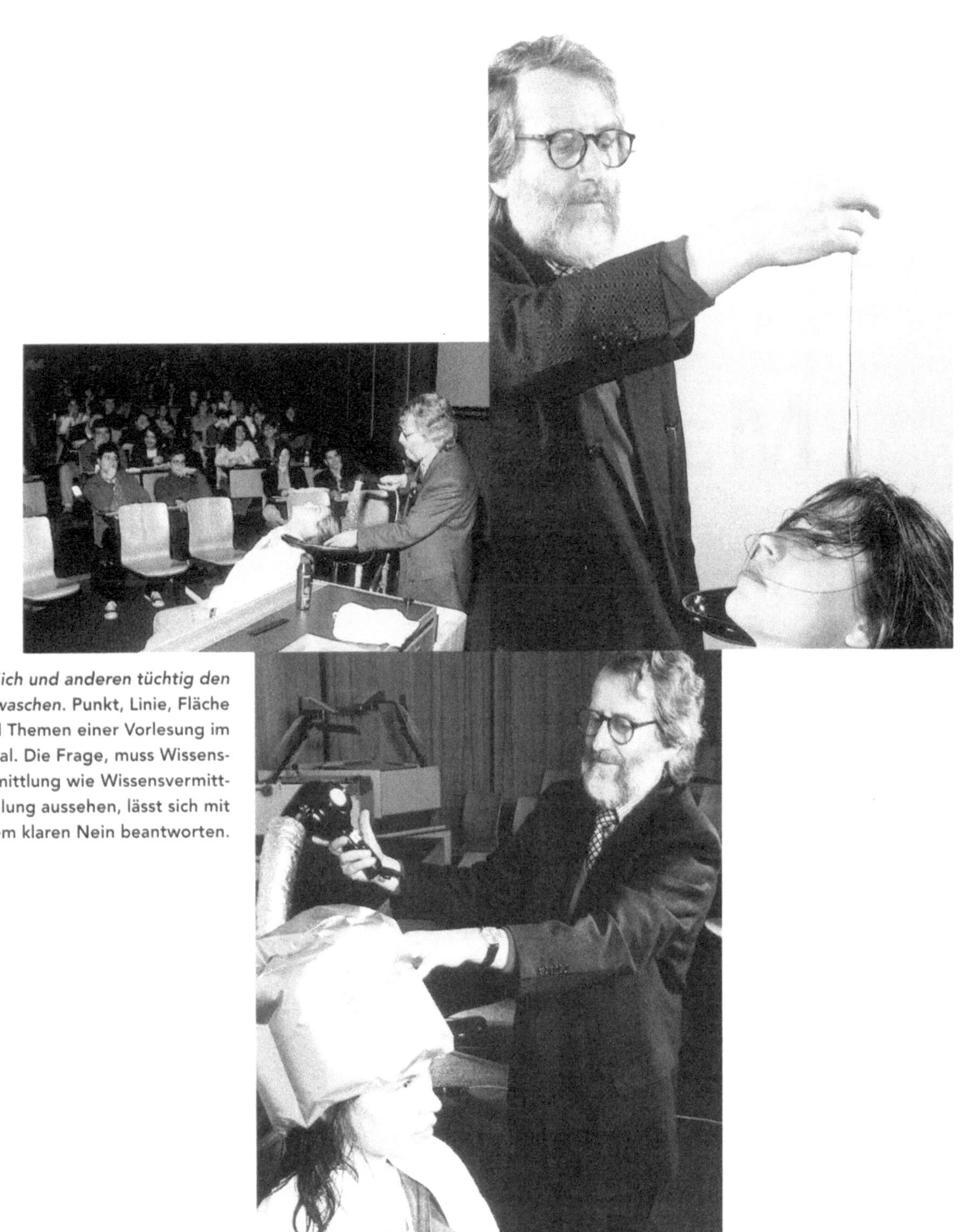

*Sich und anderen tüchtig den Kopf waschen.* Punkt, Linie, Fläche sind Themen einer Vorlesung im Hörsaal. Die Frage, muss Wissensvermittlung wie Wissensvermittlung aussehen, lässt sich mit einem klaren Nein beantworten.

# Markieren

## *bezeichnen und verwischen*

Ein Lochkameraphänomen im Schweizer Bergdorf Elm: am 12./13. März und am 1./2. Oktober scheint die Sonne durchs Martinsloch der Tschingelhörner direkt auf den Kirchturm.

*Das Fremde macht neugierig oder ängstlich. Das Verfremden vermittelt zwischen den Vorsichtigen und den Voraussichtigen.*

Um Orte zu markieren, benutzten wir eine Anzahl Lochkameras, die Schachtel ersetzte den Stein, anstatt der dauerhaften Markierungen entstanden Fotos.

Beim Bau einer Lochkamera wird die Technik auf das absolute Minimum reduziert, während der Bildgestaltung die höchste Aufmerksamkeit gewidmet wird. Ein solches Vorgehen kennen wir alle und stufen es möglicherweise nicht allzuhoch ein. Eine Haltung, die nur allzuleicht verständlich ist, treffen wir doch in jedem Bastel-Kursangebot auf Anleitungen zum Bau einer Lochkamera. Wie bei jeder Gestaltung – mit oder ohne aufwendige Technik – hängt die Bildqualität auch von den wahrnehmenden Augen ab. Technischem Wachstum folgt leider nicht automatisch qualitatives Wachstum. Das technisch optimal unterstützte Auge ist nicht unbedingt auch ein denkendes, ein kreatives Auge. Auch Augen müssen umdenken, kritisch denken, Tabus brechen, Dinge sehen, die nicht genehm, die nicht opportun sind. Mit dem Fotoapparat zu arbeiten heisst, Möglichkeiten zu nutzen und – die nötigen Kenntnisse vorausgesetzt – weit häufiger noch auszuschlagen.

Ökonomie, Angemessenheit des Aufwandes, ästhetische Umweltverträglichkeit und die Fehlerfreundlichkeit der Handhabung sind im Gestaltungsprozess unerlässliche Kriterien. Nur was im Entstehungsprozess Kriterium ist, kann auch im Endresultat Wertmassstab sein. Die Summe der Teile ist bekanntlich weniger als das Ganze, und der Weg soll wichtiger sein als das Ziel, trotzdem besteht in diesem Wunschdenken gegenüber der Realität immer eine Differenz. Dieser Differenz Gestalt zu verleihen bedeutet, dem Wunschziel zwar nicht immer näherzukommen, aber doch das Menschenmögliche zu unternehmen, um das Wunschziel im Auge zu behalten. Würden wir in der einen Hand eine Lochkamera halten und mit der anderen eine Videokamera umklammern, um sie dann – beide gleichzeitig – auf den Boden fallen zu lassen, wären die ökonomischen Anforderungen sofort klar. (Trotzdem, um den Applaus nicht von der falschen Seite zu bekommen, setzen wir uns mit unseren Konsumentenforderungen dafür ein, dass auch eine Videokamera schön ist, das heisst, sie muss ohne grossen Energieaufwand produzierbar, reparierbar, bedienbar sein und natürlich funktionieren. Die Angemessenheit der Technik bleibt dabei ein berechtigtes Kriterium.)

Die ETH Zürich oder das Bauhaus in Dessau sind beides Orte, wo wir Positionen bilden. Das Natürlichste der Welt besteht darin, dass wir den Willen haben, Einfälle an Orten des Lernens auch zu verwirklichen, die Haltungen mögen unterschiedlich sein, kombinieren lassen sie sich dennoch.

## Ein Gehäuse, um Licht zu sammeln

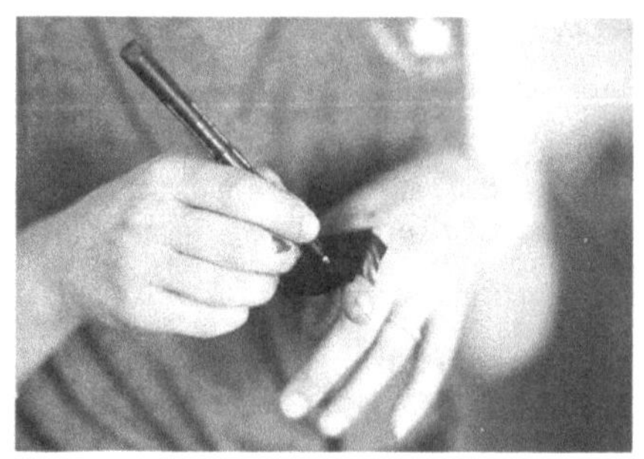

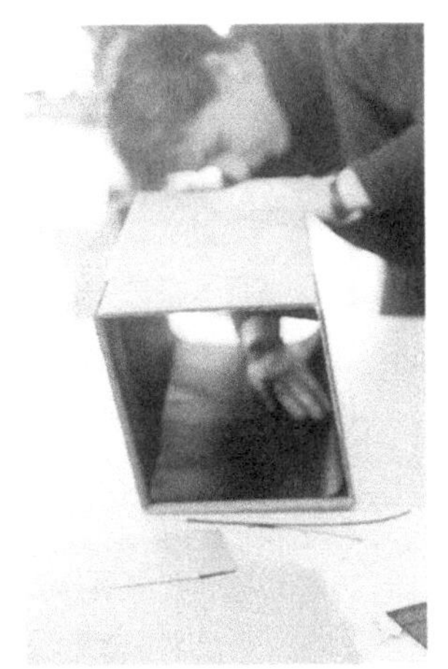

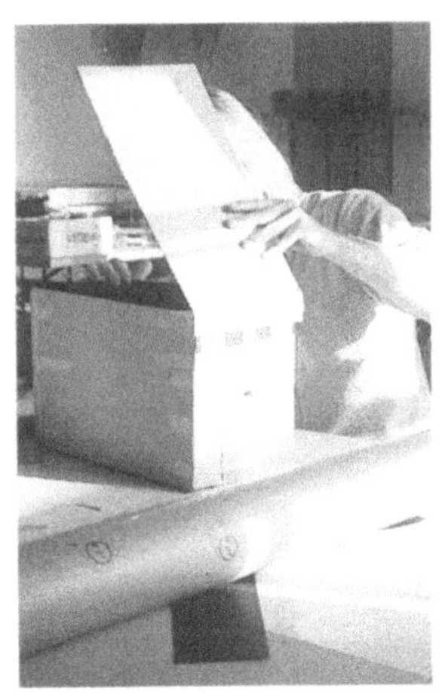

## Wiederverwendung

*Nach der Hülle mit Fülle Hülle mit Leere.* Die Studierenden zeichnen sich aus durch die verschiedensten Voraussetzungen, trotzdem gibt es auch Gemeinsamkeiten, zum Beispiel die Sensibilität gegenüber den allgegenwärtigen Produkten der Verpackungsindustrie. Dies gilt für diejenigen aus dem Osten wie diejenigen aus dem Westen. Anstatt Schachteln zu entsorgen, lassen sie sich auch zu Lochkameras umgestalten.

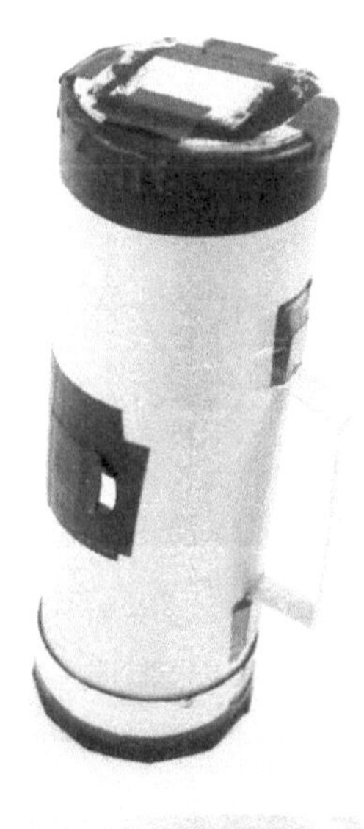

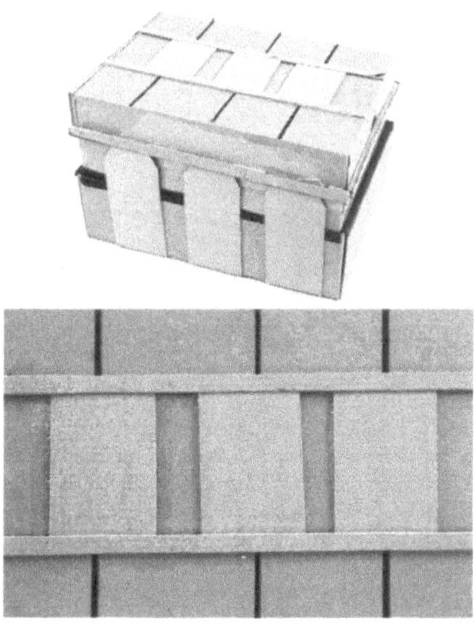

## Kameragehäuse und Labor

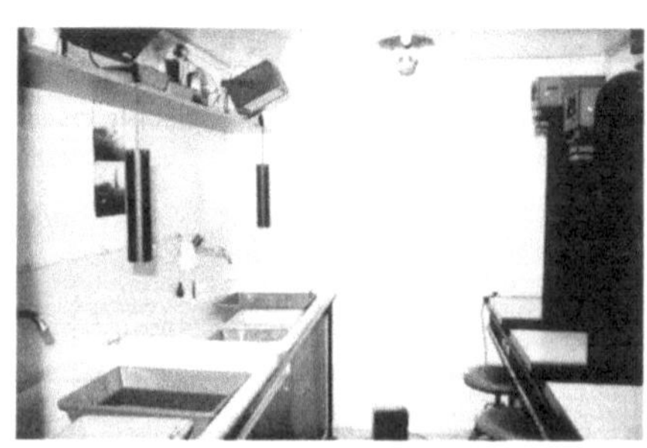

*Die fahrbare Dunkelkammer ist gleichzeitig auch eine sehr grosse Lochkamera.* Mit ihr können Fotopapiere von mehreren Quadratmetern Grösse direkt belichtet werden. An der schmalen Rückseite des Laborwagens befindet sich eine verschliessbare Öffnung für die Belichtung des Fotopapiers. Der Fotograf befindet sich im Inneren des Kameragehäuses und verschiebt die Fotowand entsprechend der gestalterischen Absicht.

## Sieben Säulen im Georgiumpark

Monopterus im Georgiumpark

# Bauhaus

*Nach hinten und nach vorne projizieren.*
Das Bauhaus wirkt in seiner Gestalt immer noch wie eine Lichtskulptur mit der Hoffnung auf eine Projektionsfähigkeit für zukunftsweisende Gedanken. Im Gegensatz dazu steht die Lochkamera, die sammelt, registriert und das Zusammenwirken von Licht und Dunkelheit aufzeigt. Projektionen nach vorn, einst als Fortschritt verstanden, besitzen in der Gegenwart eine völlig andere Gestalt: kreisförmig, überlappend mit Mustern, die sich simultan bilden und umbilden, von der Gegenwart in die Vergangenheit und vielleicht auch in die Zukunft.

## Rund ums Bauhaus

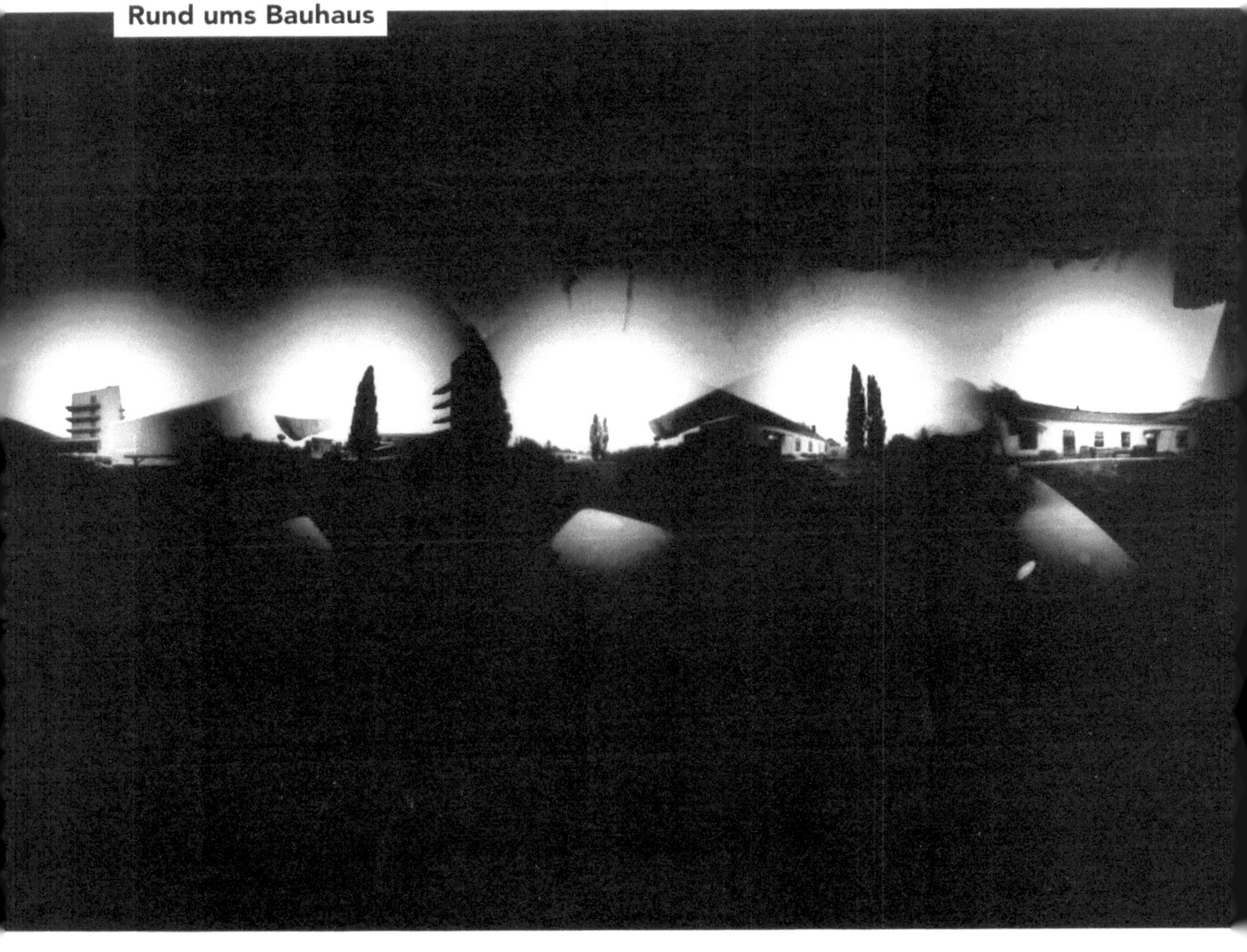

## ETH-Gelände

## Ordnungen für Lochkameras

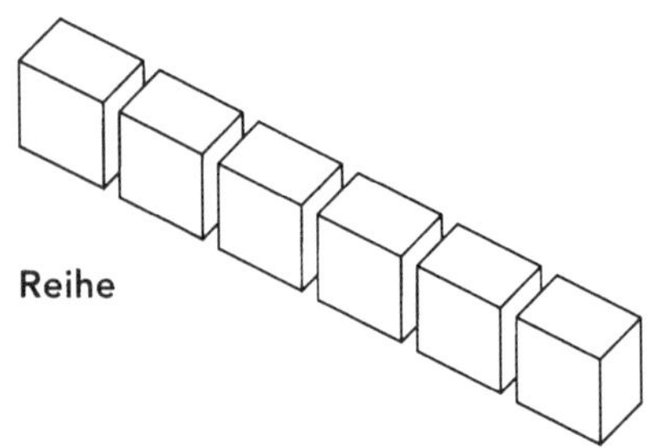


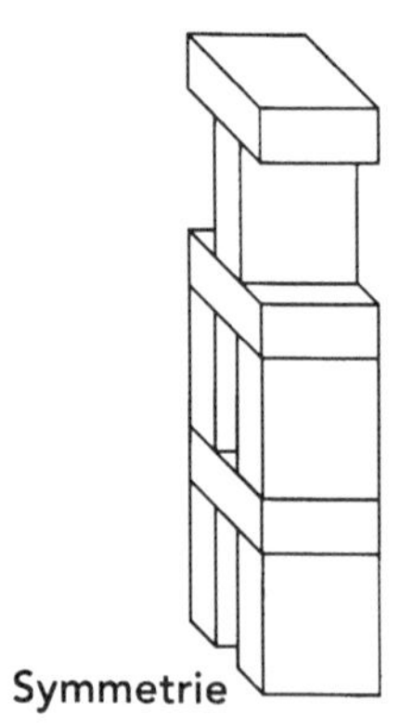


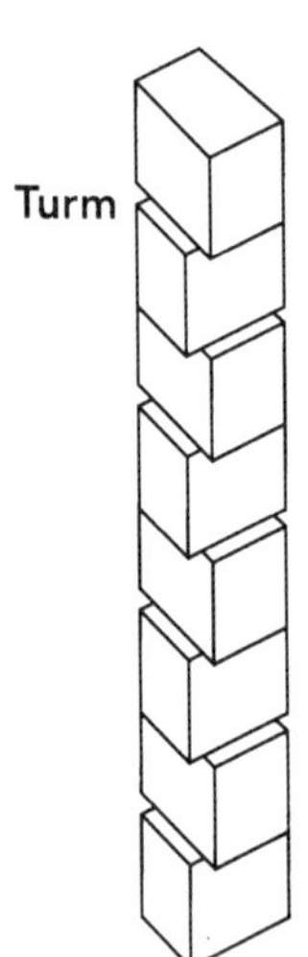


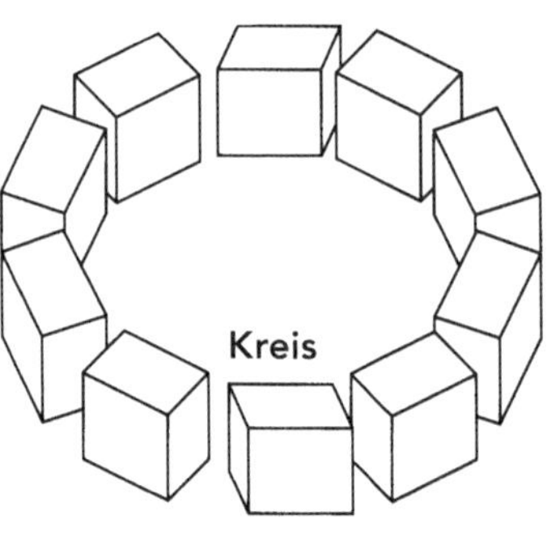

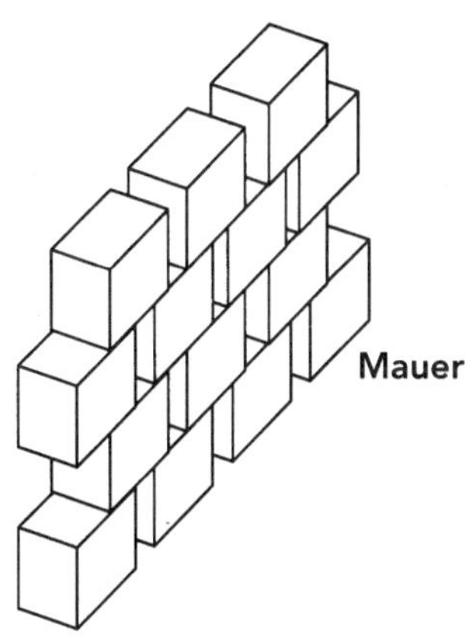

Mauer

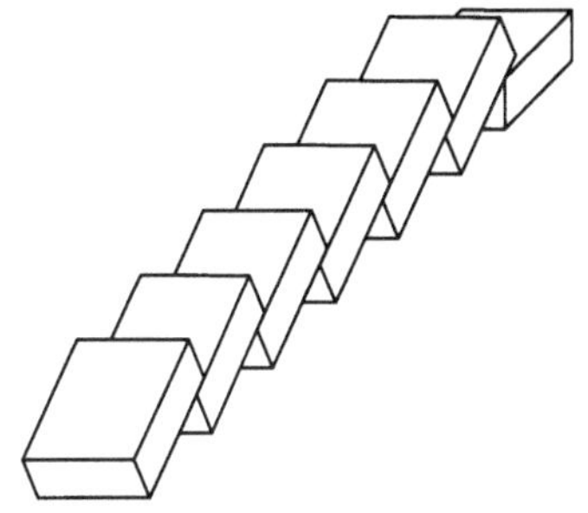

gekippte Reihe

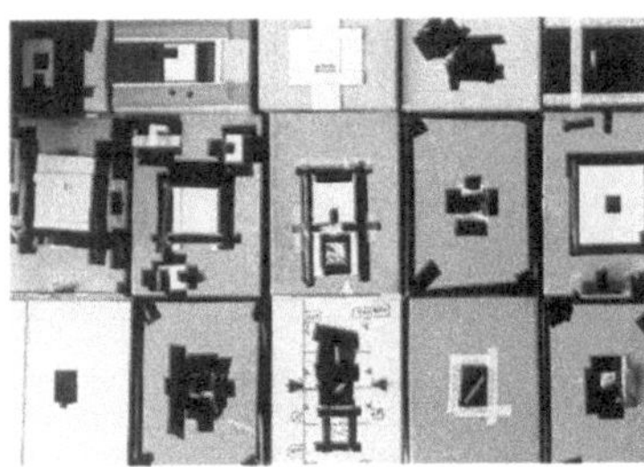

Reihe und Abweichung

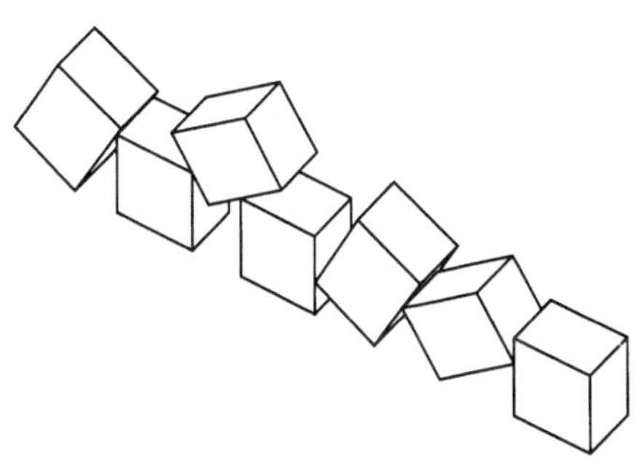

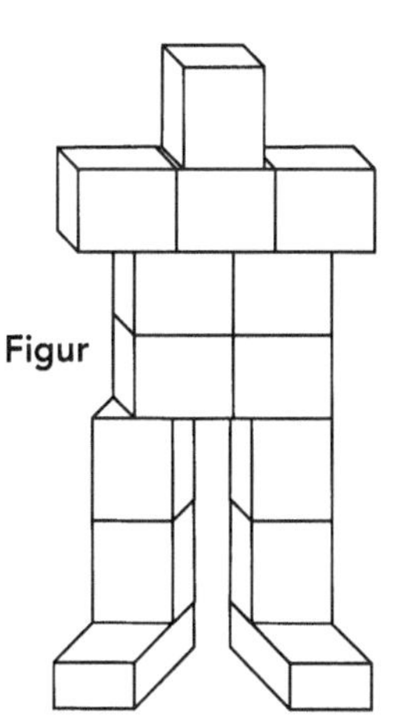

Figur

## Kreuzförmige Standorte für Belichtungen: ETH

## Kreuzförmige Standorte für Belichtungen: Bauhaus

## Bilder einer Gestalt

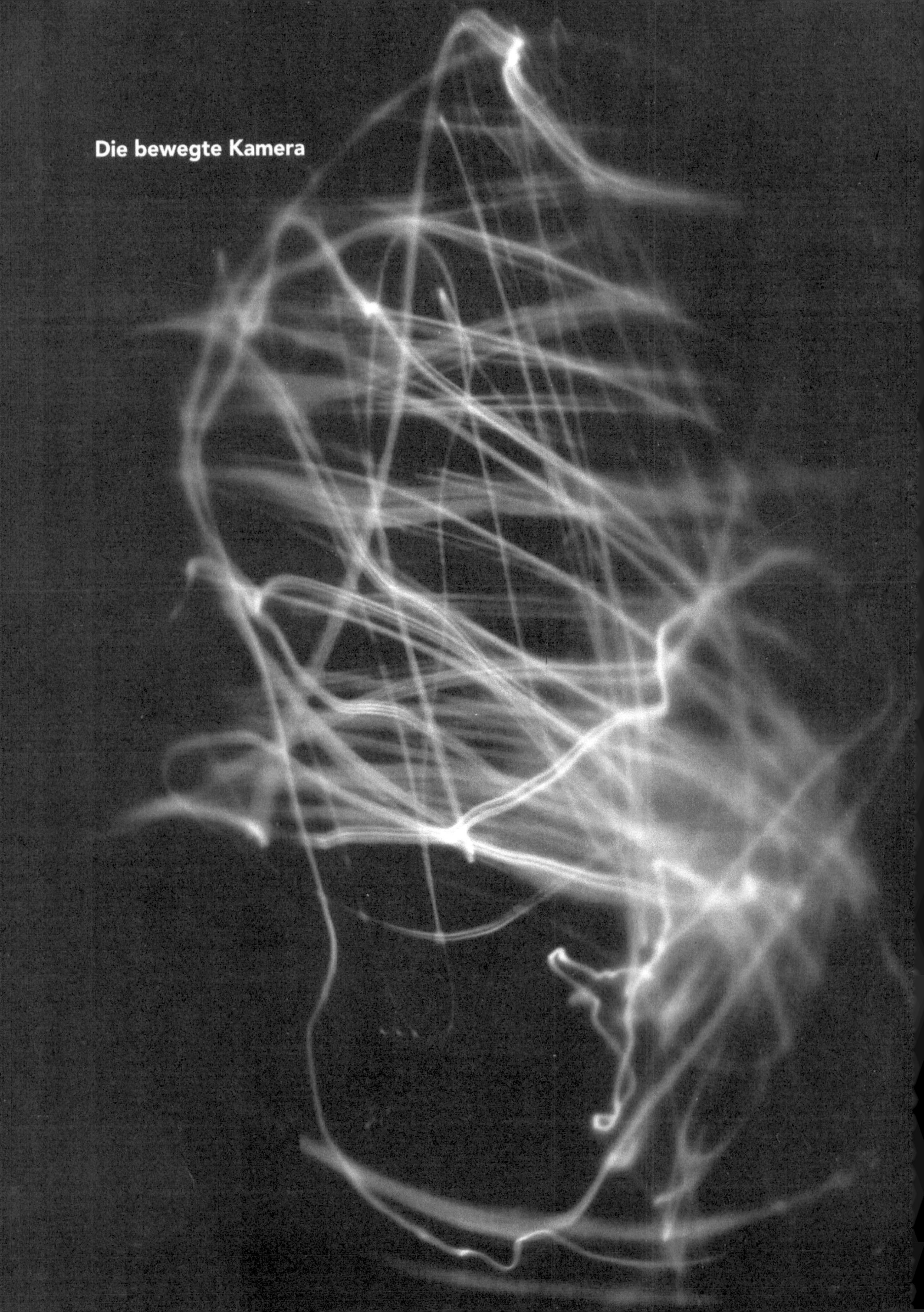

Die bewegte Kamera

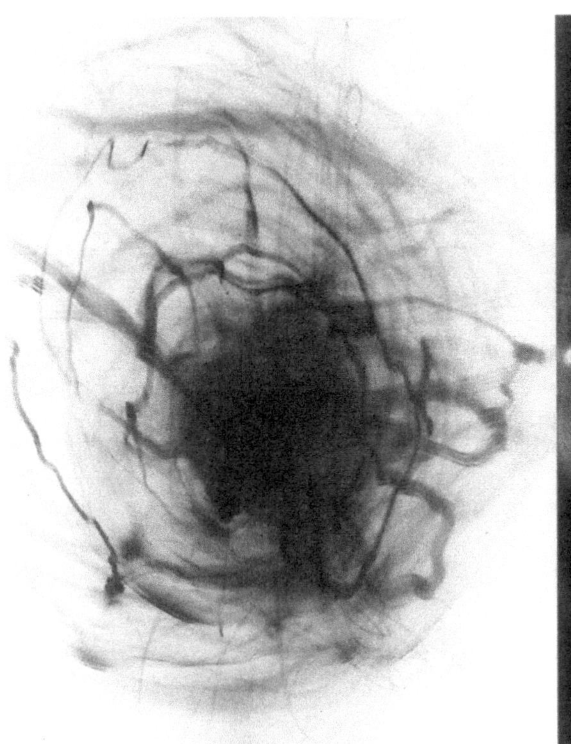

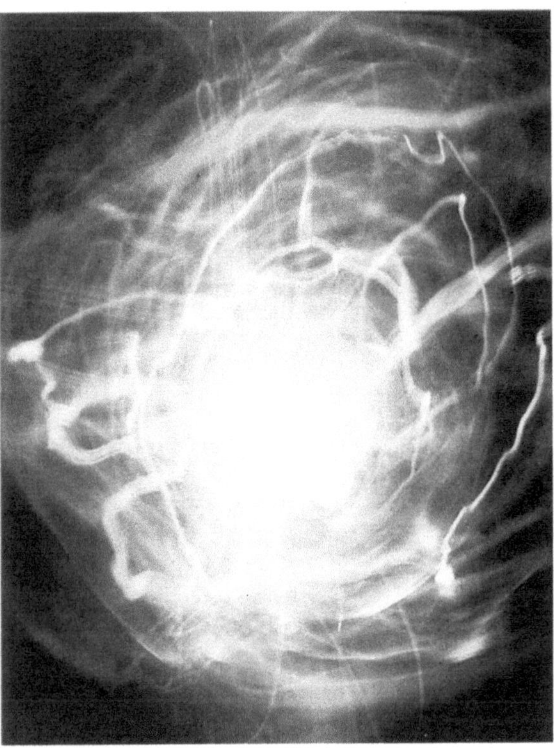

*Die bewegte Lochkamera – das statische Licht.* Dass es beim Bau und der Verwendung einer Lochkamera nicht um den Nachbau eines Fotoapparates geht, leuchtet spätestens dann ein, wenn das Spiel mit dem Licht beginnt. Die Vorstellung von den Bildern oder die Vorurteile, die schlussendlich zu den Formen der eingefangenen Lichtspuren führen, weichen mit Sicherheit voneinander ab. Die Differenz zwischen demjenigen, was wir uns vorstellen bei der Bildplanung, und demjenigen, was wir schlussendlich feststellen bei der Bildbetrachtung, ist eigentlicher Spielinhalt. So wichtig wie die Differenz zwischen Unsinn und Sinn.

## Bilder einer Bewegung

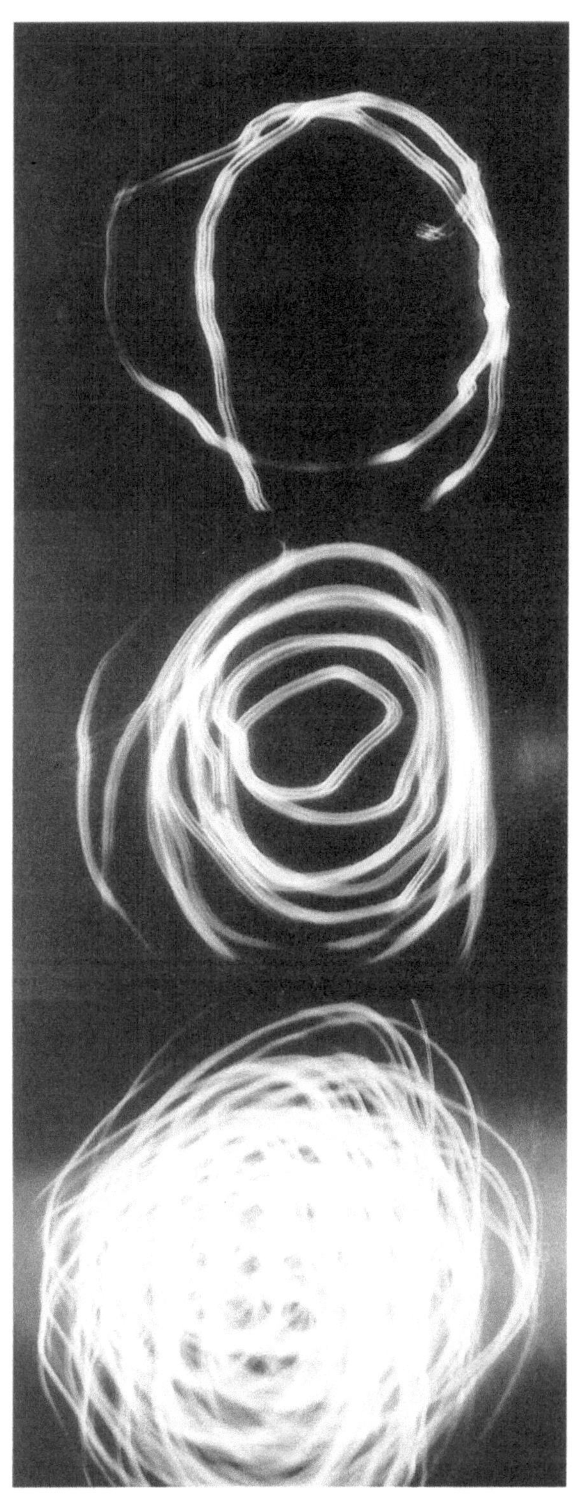

# Verbinden

## *sezieren oder gestalten?*

Die entwurzelte Wahrnehmung hat weder Hand noch Fuss, sie kommt auch ohne Augen aus.

*Zeichnen ist für die Erwachsenen wie eine noch wenig bekannte Fremdsprache, die man am besten mit Händen und Füssen spricht. Die beste Voraussetzung, um nicht nur oberflächliche Ansichten zu entwickeln, besteht im Suchen nach Gestaltqualitäten.*

Im Studium des anatomischen Zeichnens wollte man auch Erkenntnisse gewinnen vom lebenden Körper des Menschen. Um jedoch die Überschaubarkeit zu gewährleisten, wurde seziert, zerlegt und vereinzelt, das tote Gefüge der Organe sollte Aufschluss geben über die Zusammenwirkung lebender Organe. Würden wir die gegenseitige Abhängigkeit im Wahrnehmungsprozess, im Medienverbund und in interdisziplinären Arbeiten berücksichtigen, hätten wir Anschauungsgrundlagen, die über blossen Formalismus hinausführen würden. Gestaltung kann nicht auf Techniken reduziert werden, darum muss die Technikbenutzung vom Bewusstsein geleitet sein und nicht allein von der Fähigkeit der Handhabung.

Die Annahme, Wahrnehmung lasse sich in einzelne Bestandteile zerlegen, um dann nachträglich zusammengesetzt wieder zu funktionieren, entspringt der Vorstellung der apparativen Vergleiche. Dazu existieren viele Entsprechungen. Das Auge wird mit dem Fotoapparat verglichen, das Gehirn mit dem Netzwerk-Computer. Wenn man mit diesen Vergleichen dem Gegenteil der verstümmelten Wahrnehmung, dem ganzheitlichen Denken, Hoffnung verleihen möchte, bleibt die Entwicklung der neugeforderten Bildqualitäten doch eher denjenigen vorbehalten, die Bildqualität nicht mit dem technischen Fortschritt verwechseln. Die «punktuelle» Perspektive, die einäugige Sicht, mochte mit ihrer Raumillusion verblüffen. Die «komplexe» Perspektive mit ihren virtuellen Bildräumen steigert heute die Verblüffung bis zur völligen Raumillusion. Da das Auge dasjenige Organ ist, das sich durch die grösste Illusionsbereitschaft auszeichnet und der Computer diese weiter denn je ausschöpft, werden die Leistungen aus der bildenden Kunst, Kunstgeschichte und Ästhetik für die zukünftigen Auseinandersetzungen unumgänglich. Zeichnung, Fotografie, Video oder Computerbild dienen nicht nur als projektive Abbilder der sogenannten oder scheinbaren Realität, sie ergänzen oder relativieren sich. Nach der allgemeinen Meinung können die wenigsten zeichnen – aber alle fotografieren. In Zukunft wird die allgemeine Meinung die sein, dass die wenigsten mit den traditionellen Bildmitteln umgehen können, dafür aber alle die technische Handhabung des Computers beherrschen. Die Qualität der Computernutzung wird sich genausowenig auf die technische Anwendung reduzieren lassen. Die virtuellen Simulationen stehen damit zwar allen zur Verfügung, doch die «Spitze» wird dennoch nicht breiter werden, da die Entwicklung nach wie vor im Kopf der Nutzer stattfinden muss. Dafür ist kein Bildmittel zu gering.

## Oben Mitte Unten

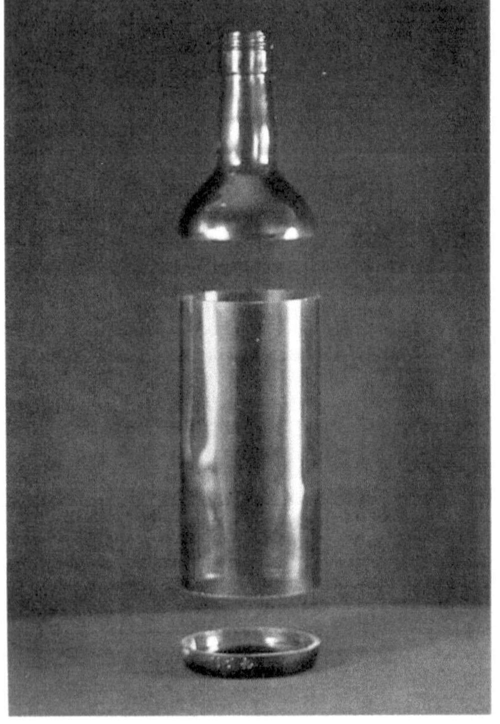

*Wieviel Heilpädagogik braucht das Selbstverständliche?* Das Unnötige steht im Verhältnis zum Menschen – ob wir wollen oder nicht. Wer die Wählbarkeit möchte zwischen dem Nötigen und dem Unnötigen, braucht mehr Erfindungsgabe als diejenige, die aufgebracht wurde, um all das Unnötige zu gestalten. Das Selbstverständliche wird zum Luxusartikel oder auf den Verdauungsvorgang beschränkt, wenn die Schule das Selbstverständliche ausklammert und aus ihren Stundenplänen verbannt.

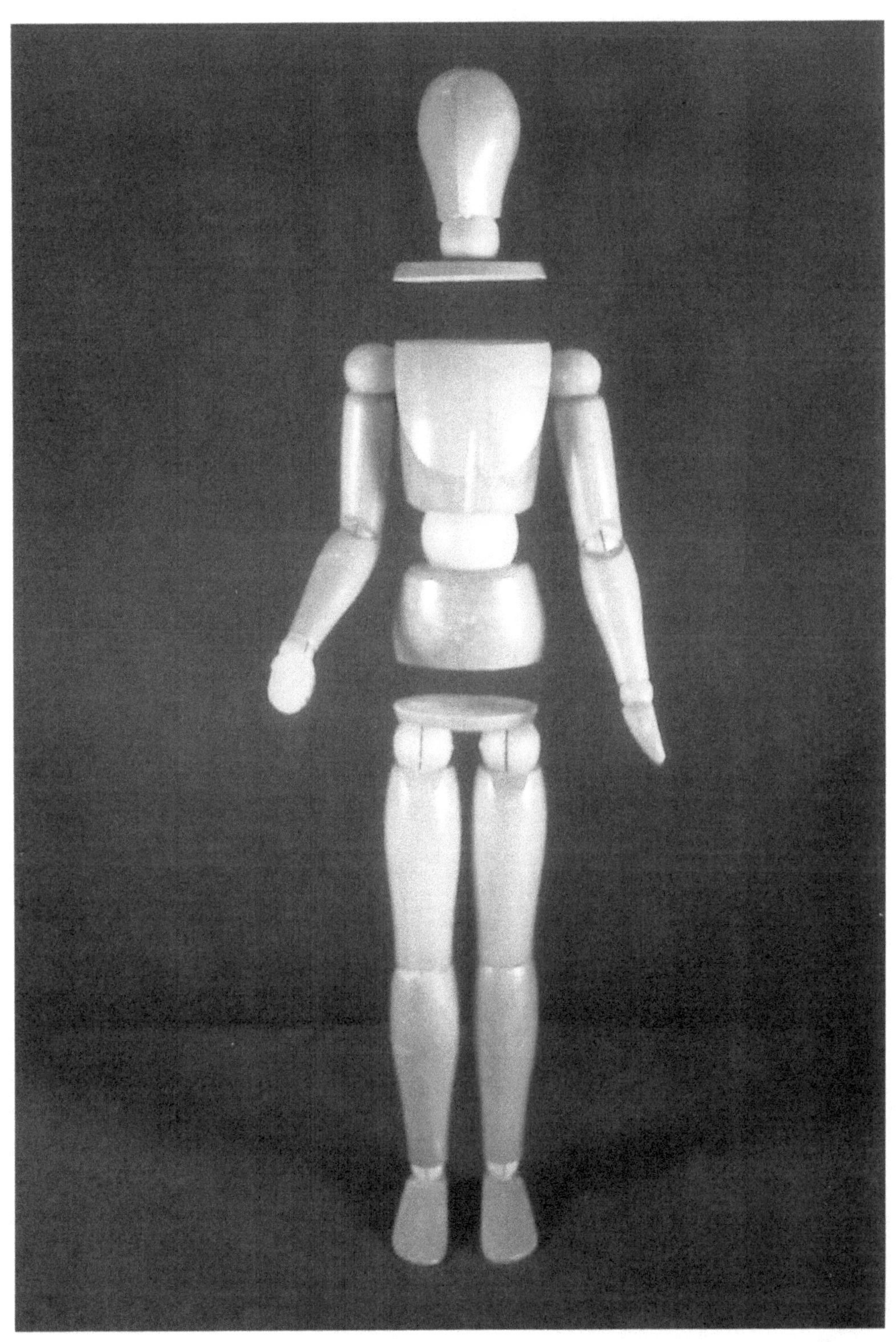

Teilen Teilhaben Teilnehmen

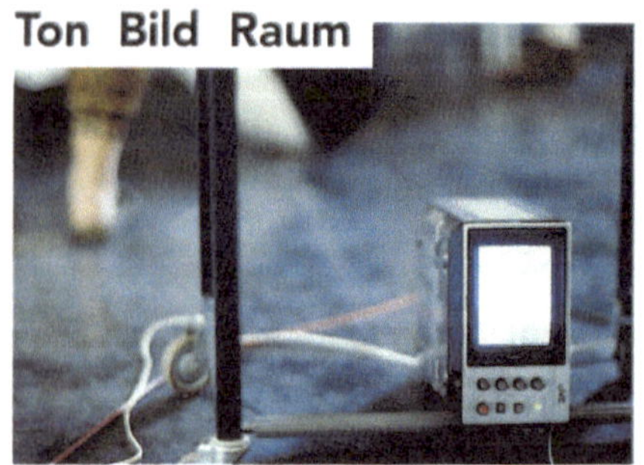
Ton Bild Raum

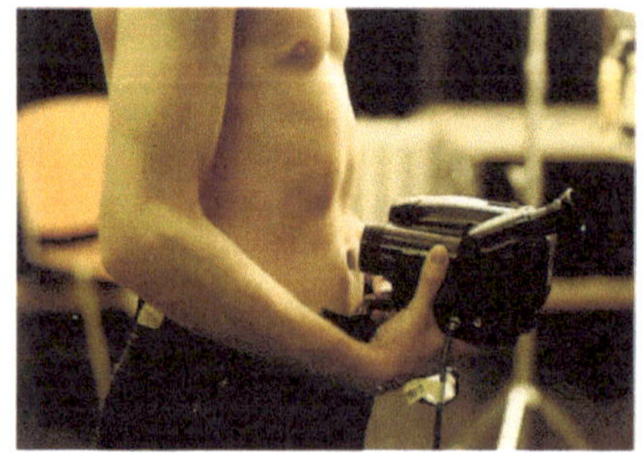

Ton Bild Raum

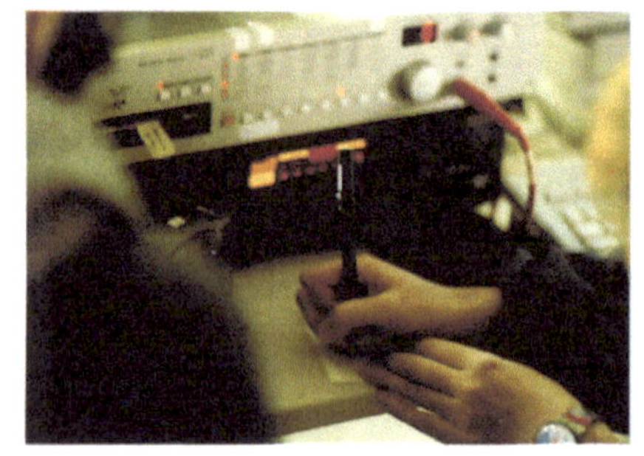

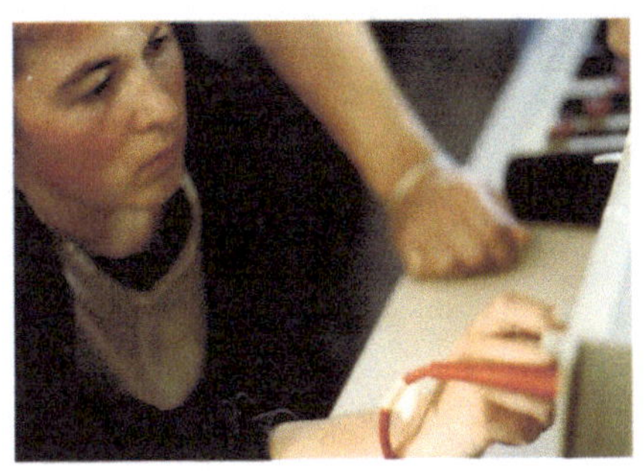

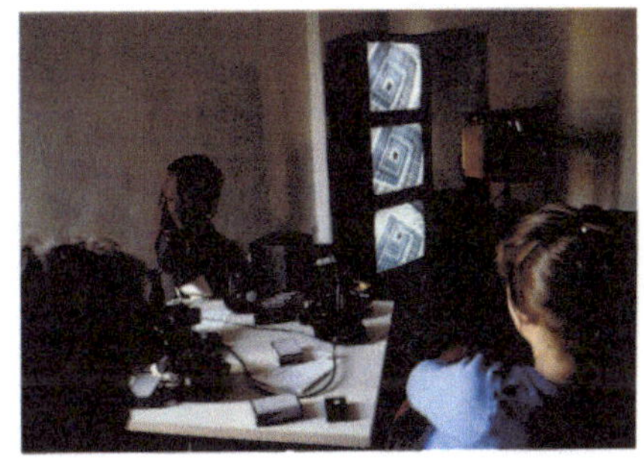

## Kopf Bauch Fuss

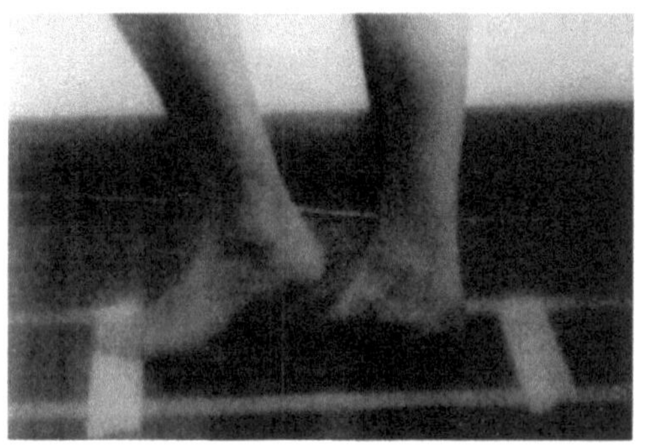

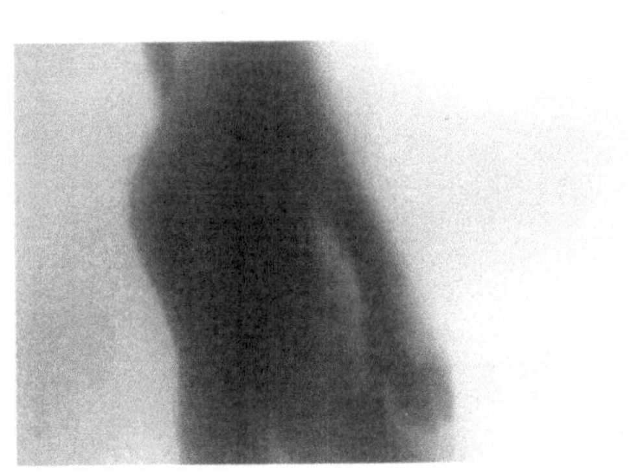
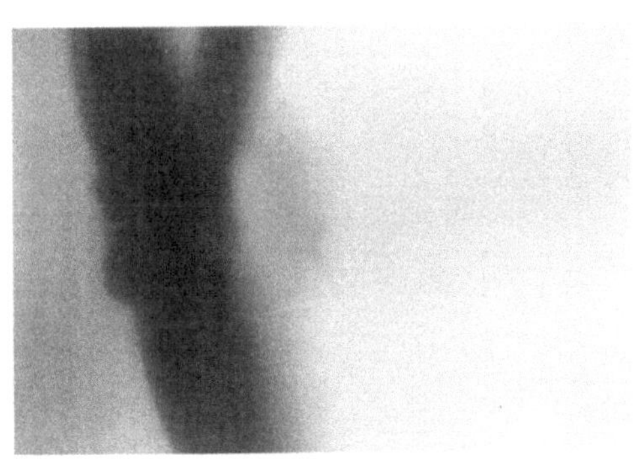
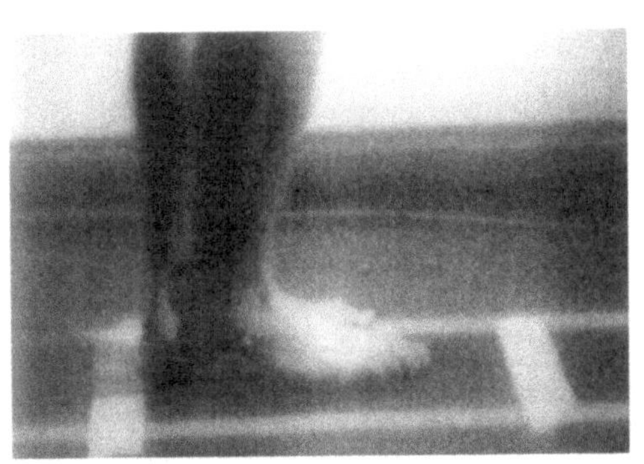
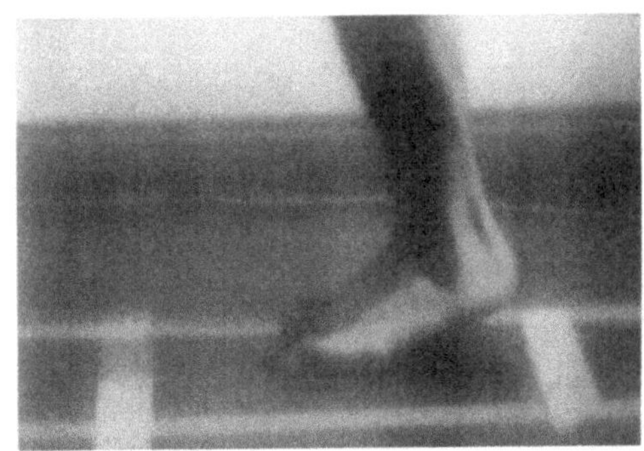

## Stand Schritt Lauf

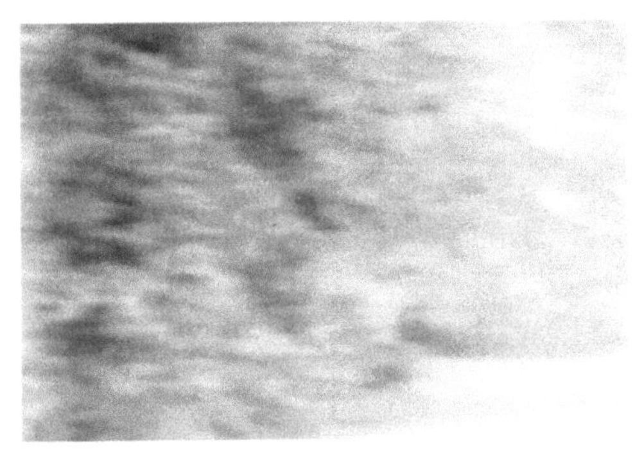
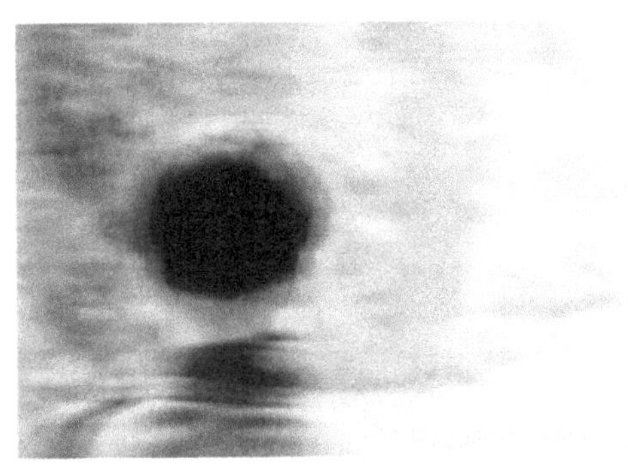

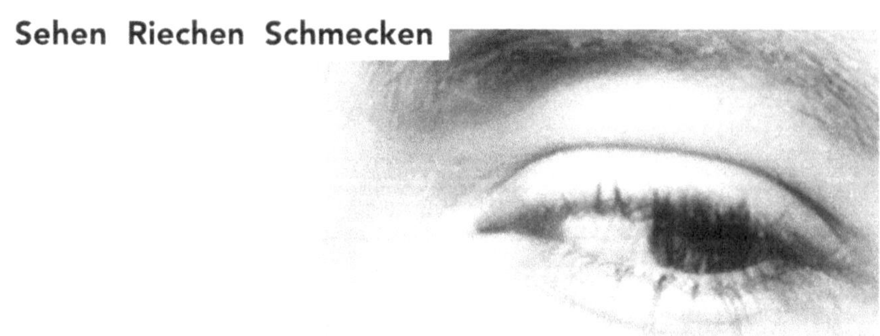

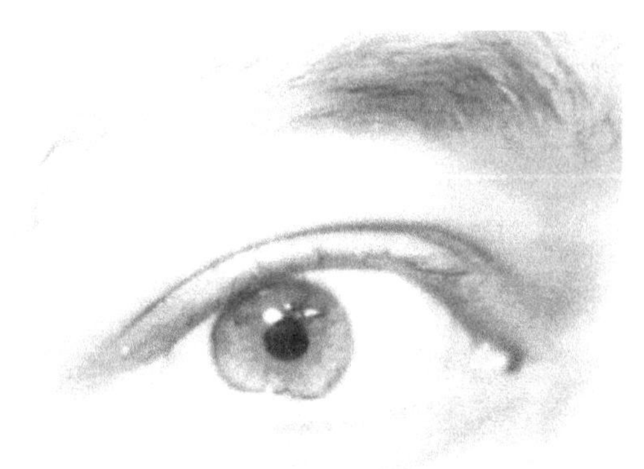

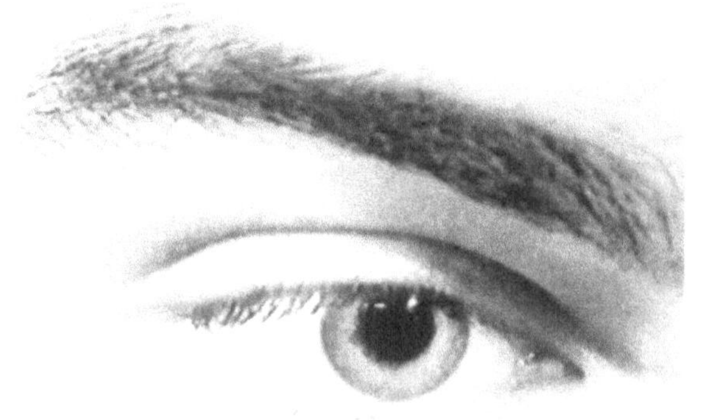

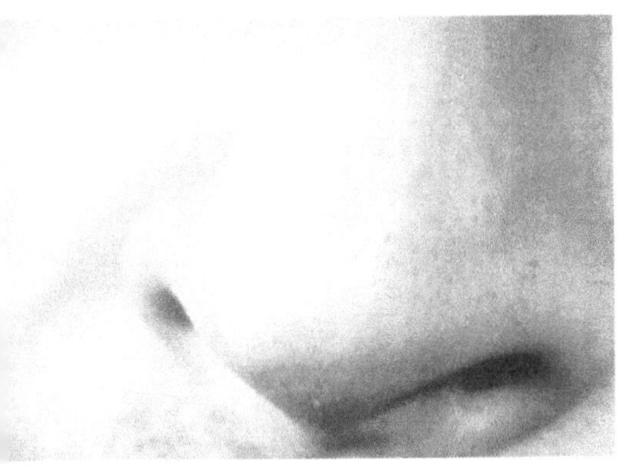

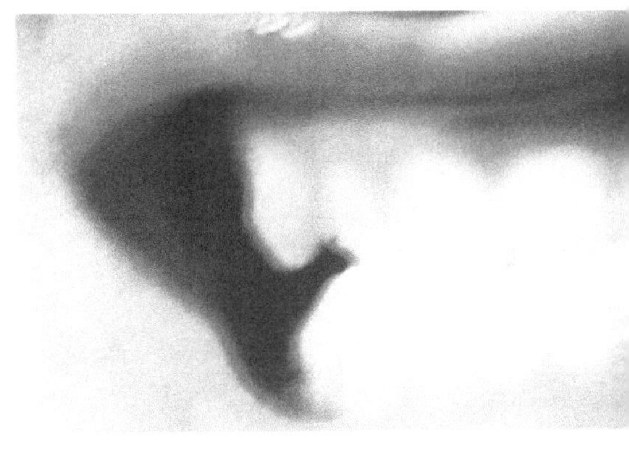

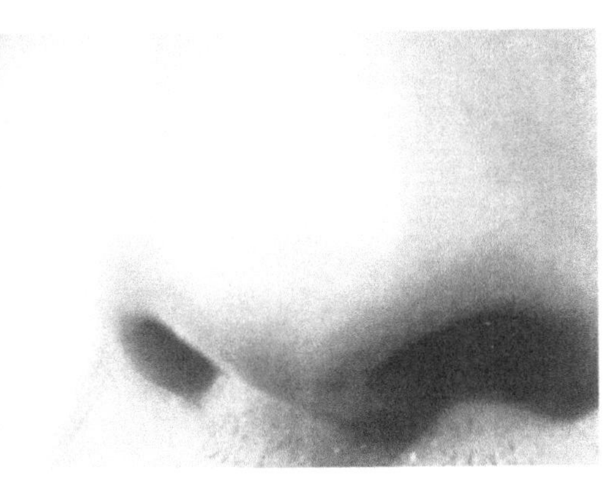

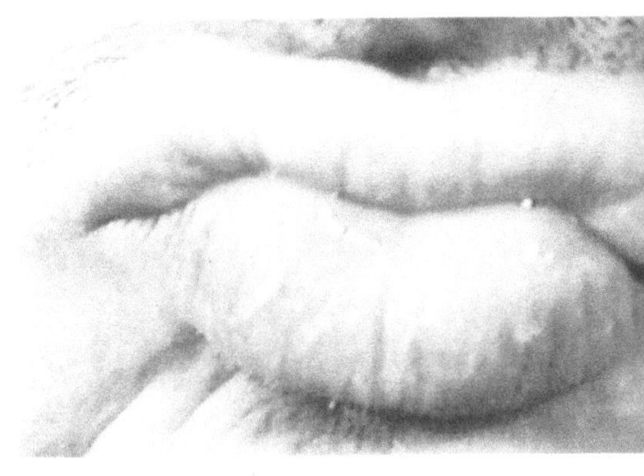

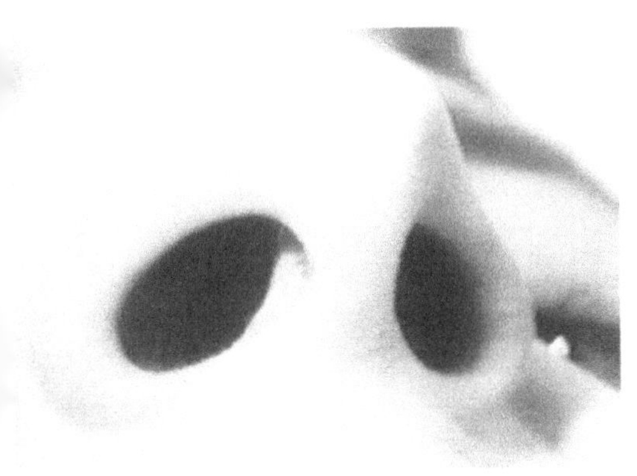

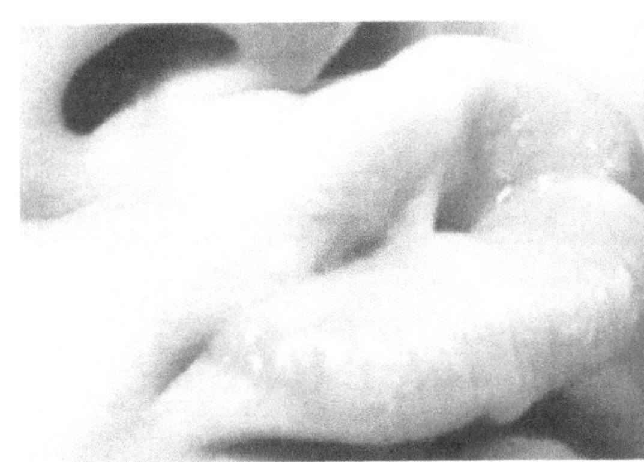

## Himmel Haus Erde

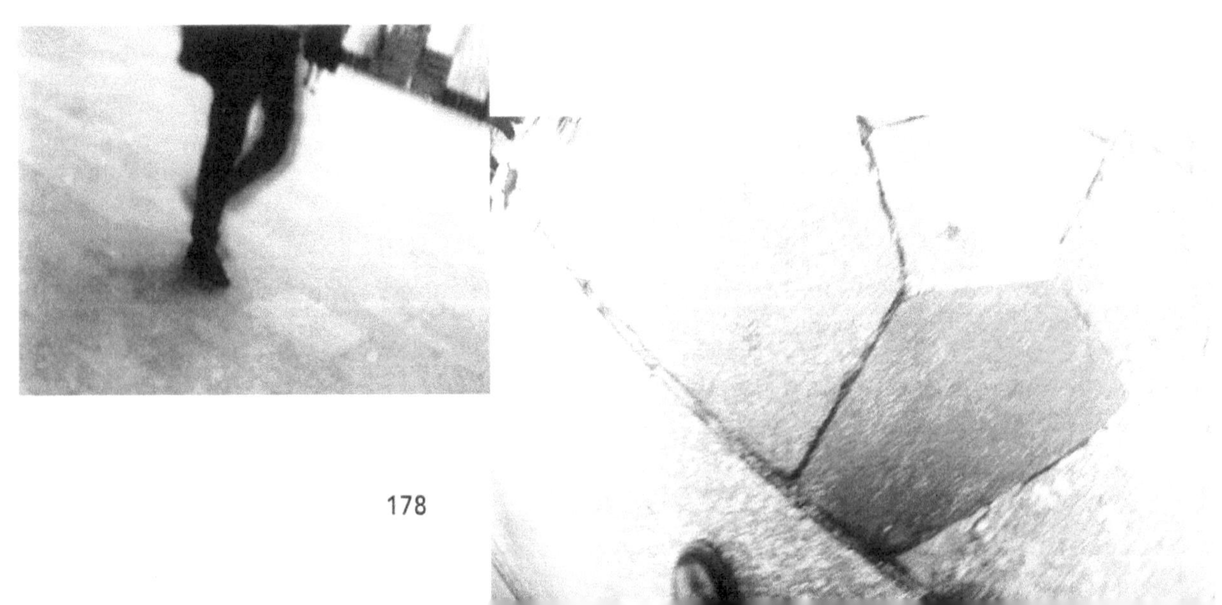

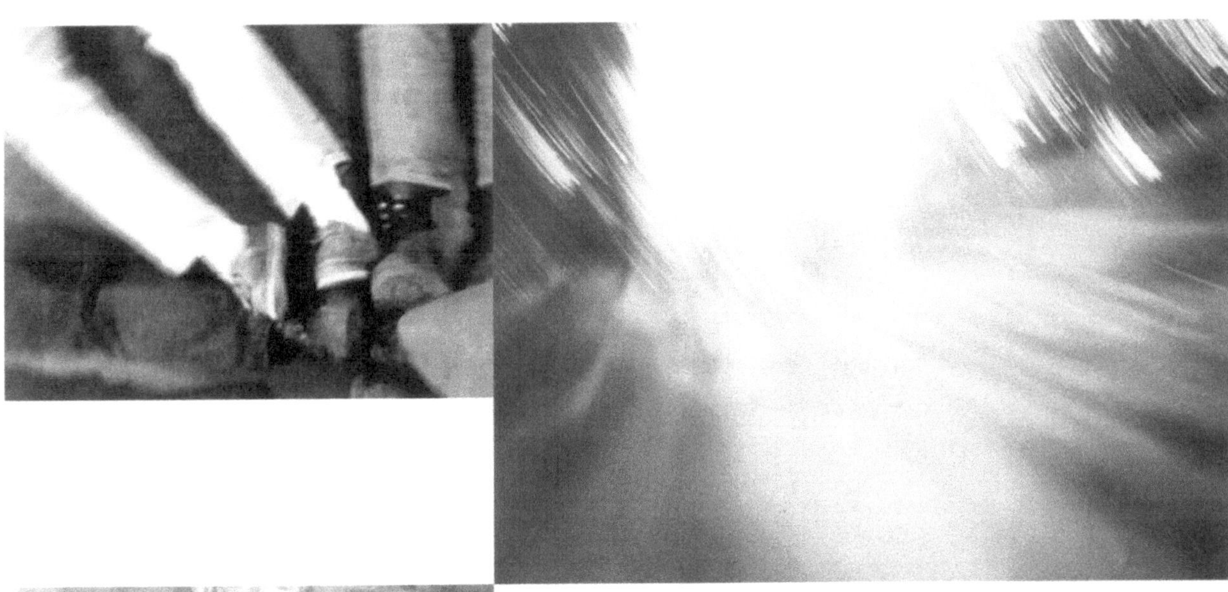

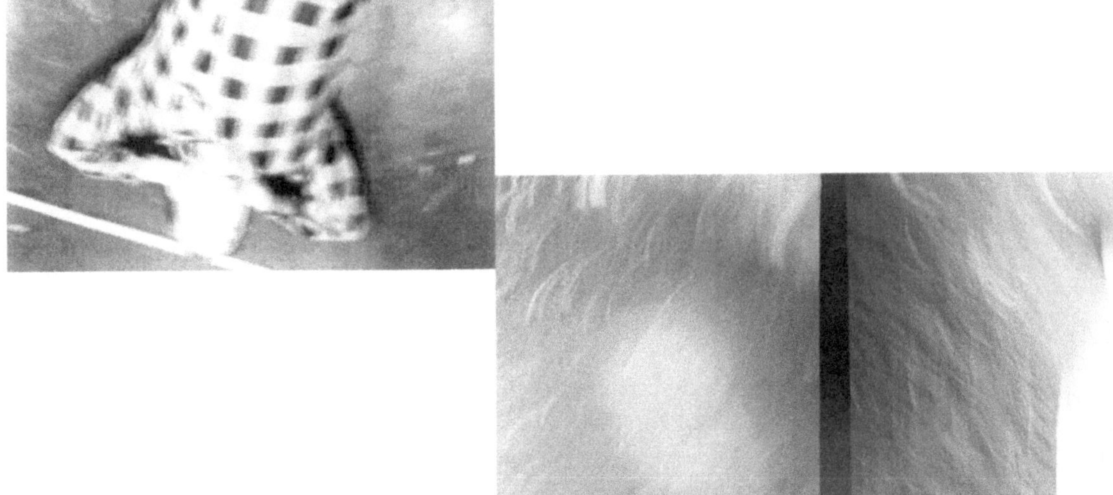

# Einbilden
## *finden und erfinden*

Zwischen Dessau und Wörlitz: Abfalltonne vor der Schlossanlage in Oranienbaum, kurz nach der Wende fotografiert.

*Unsere vermeintliche Beobachtungserfahrung festigt einerseits unsere Vorurteile und schmälert andererseits die Möglichkeit, etwas mit neuen Augen zu sehen. Die Entsorgung der Vorurteile ist Teil unserer pädagogischen Kalkulation.*

Meine Sympathie ist festgelegt, bevor ich ein Urteil bilden kann, allein schon durch die Wortwahl, mit der ich eine Eigenschaft, einen Sachverhalt umschreibe. Viele Ideen verdanken wir dem Zufall, der Gunst des Zufalles. Entdecken, aufheben, isolieren verlangt nach einer Phantasie, die noch nicht vorzeitig zweckgebunden oder wertend ist. Und hier wird es bereits etwas anstrengender, weil ich durch die Umstände, in denen ich mich befinde, mich schon früh festlege. Auch oder gerade die Phantasie ist nicht vorurteilslos. Die folgenden Bezeichnungen, die alle mit dem Wort Phantasie in Zusammenhang gebracht werden, sollen dies veranschaulichen. Fieberhafte Phantasie wird mit Zwanghaftigkeit verbunden, währenddem kreative Freizeitgestaltung Ungebundenheit verspricht. Schöpferisches Tun soll beglückend sein, währenddem die innovative Wirtschaft Erfolg und Geld in unmittelbare Reichweite rückt. Jeder Erwachsene, der phantasievoll sein möchte, wünscht sich dies unter verschiedenen Zielvorstellungen. Weil sich ihre Funktion nicht endgültig festlegen lässt, durchschauen wir die Phantasie nicht endgültig. Das ist kein Nachteil: Was durchschauen wir schon endgültig? Die Schule muss sich ohnehin darauf beschränken, methodisch Phantasie zu unterstützen und dort, wo sie – nach welchen Mechanismen auch immer – sich äussert, ihr günstige Rahmenbedingungen zu gewährleisten.

Was sich aber bilden lässt, ist die Sympathie für das eine oder andere Verhaltensmuster. Eines der wichtigsten dürfte dasjenige der Opposition sein. Das sieht man so – also versuche ich, es anders zu denken. Dies ist das – also versuche ich, es als jenes andere zu entdecken. Dies ist unsinnig – also versuche ich, einen Sinn zu erkennen. Wenn auch noch wenig Phantasievolles passiert, wenn es zum Beispiel anstelle von Weiss einfach nur Schwarz heisst, so belegen die komplementären Gegenüberstellungen doch wenigstens Spannweiten eines Fächers, in dem sich auch kleine und kleinste Kontraste unterscheiden lassen. Zwischen Hass und Liebe gibt es viele Varianten und Stufen wie zwischen Rot und Grün auch. Die Opposition ist ja nicht nur Widerspruch, sondern ebenfalls ein Ergebnis einer mittragenden Phantasie, die gebildet wird aus der in Frage gestellten Ordnung. Der Schuster mag bei seinem Leisten bleiben, und genaugenommen bleibt auch derjenige noch bei seinem Leisten, dessen Opposition sich im Komplementären erschöpft, da auch das Gegenteilige sich ergänzt. Chaos und Ordnung sind nur komplementäre Fixpunkte, von denen aus Wahrnehmung, Assoziationen und Gedanken zu neuen Erfahrungen und Gestaltqualitäten gemacht werden, damit auch das Ungeordnete nicht grenzenlos bleibt.

## Normstücke

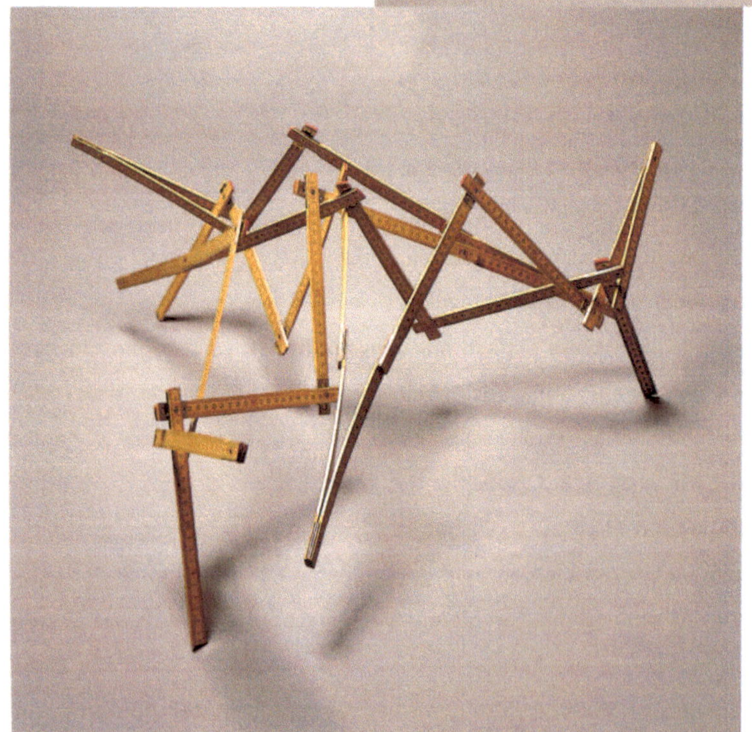

*Gebilde für drei Doppelmeter.*
Das Normierte, häufig und vorurteilshaft abgetan als ohne Möglichkeiten für individuelle Ausdrucksformen, bietet sehr viele Anwendungsmöglichkeiten. Normierung erhöht den Wunsch nach Unterschieden, die ihrerseits wieder Massstab sind, um Normen nicht der banalen Uniformität gleichzusetzen.

## Fundstücke

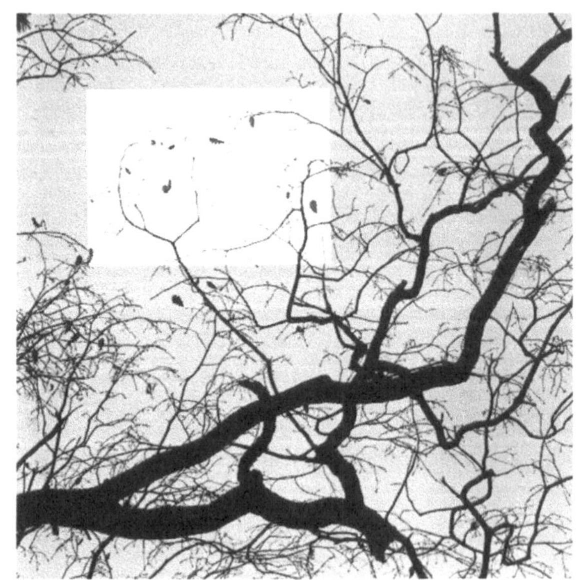

*Fundstücke (Zeichnungen) aufheben, isolieren und in Gestalt umwandeln.* Unsere Gedanken ziehen Bilder – ähnlich einer magnetischen Wirkung – direkt an. Das Repertoire umgibt uns, steht bereit, um Verwendung zu finden; wir müssen die Bilder nur zulassen, anstatt sie zu verhindern. Selbst Formen, die nicht demjenigen entsprechen, was wir in ihnen zu sehen glauben, werden im bildnerischen Denkvorgang in die Form gerückt, nach der unser Auge sich sehnt.

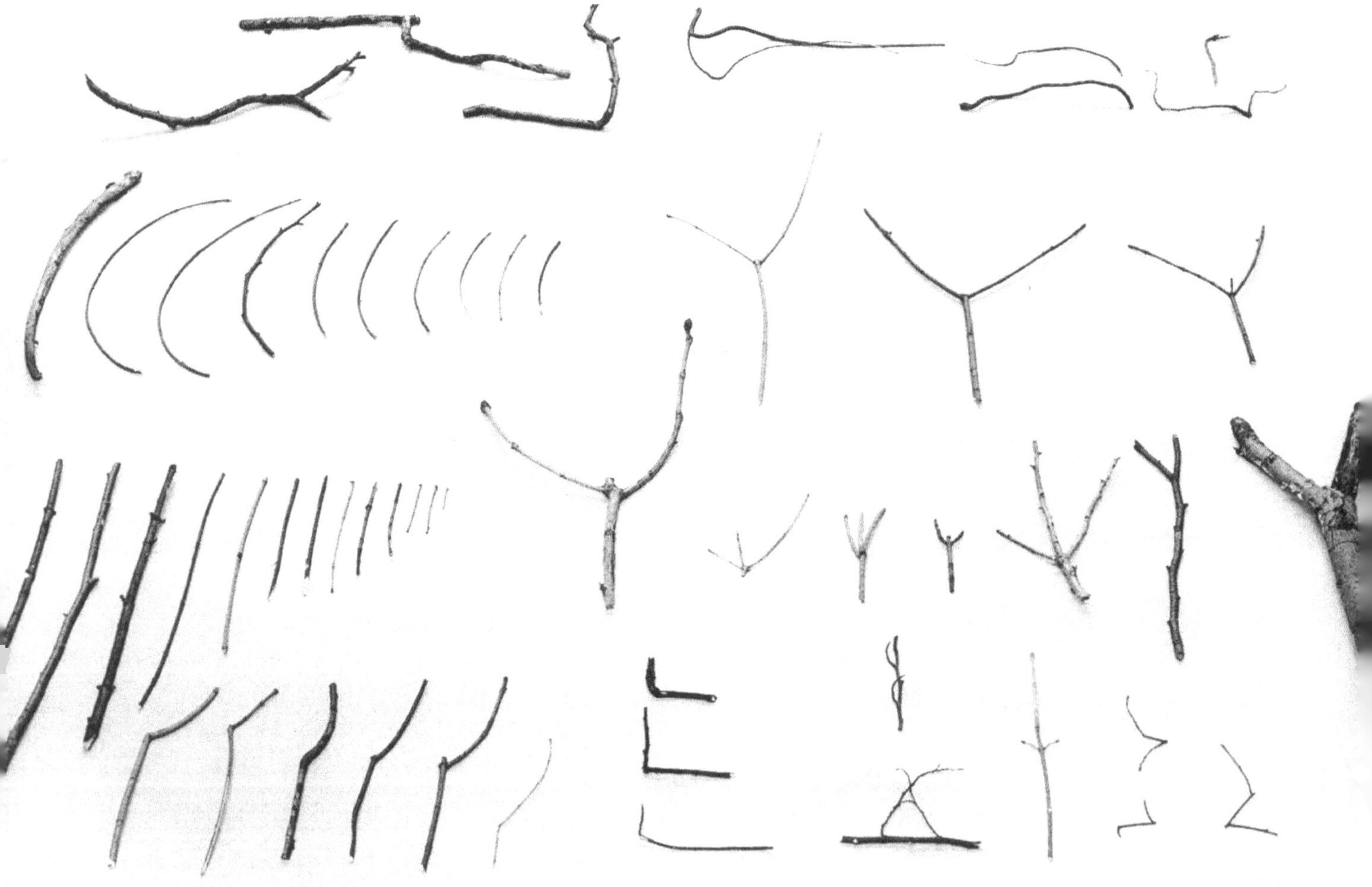

## Sammeln und ordnen

Wir sehen, was wir suchen

Wir suchen, was wir können

Wir können, was wir kennen

*Wahrnehmungskunst als Handwerk des Denkens.* Der Akt des Zeichnens vereinigt das Sinnliche und das Gedachte, die Zeichnung stellt nicht nur dar, sondern sie rekonstruiert auch, was letztlich zusammengehören sollte, jedoch getrennt wurde.

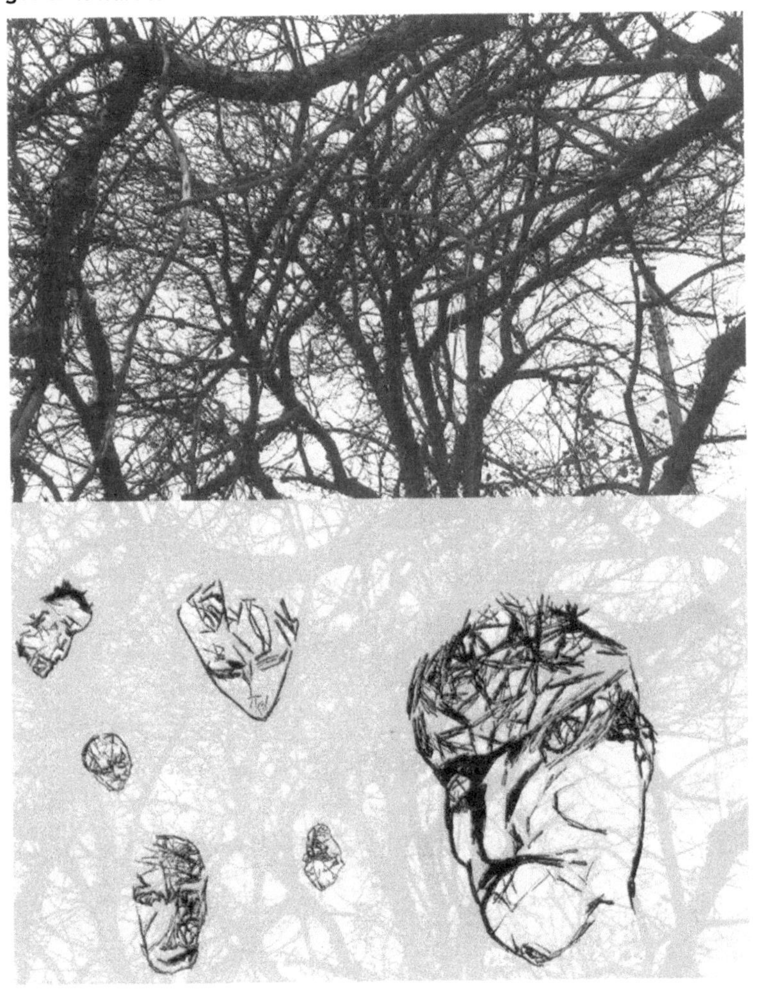

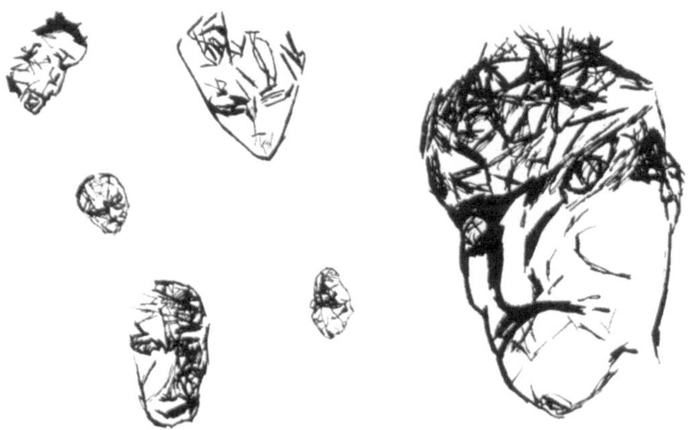

Wir kennen, was wir empfinden

*Auf den Kopf stellen.* Der Sinnwandel verlangt, dass die Ordnung der Bilder in unterschiedlicher Betrachtungsweise überprüft wird. Wir manövrieren den Blick über den Bildrand hinaus und empfinden, dass sich Bilder sehr gut umstellen können, indem sie ihre Ansicht plötzlich ändern.

## Wir empfinden, was wir erfinden

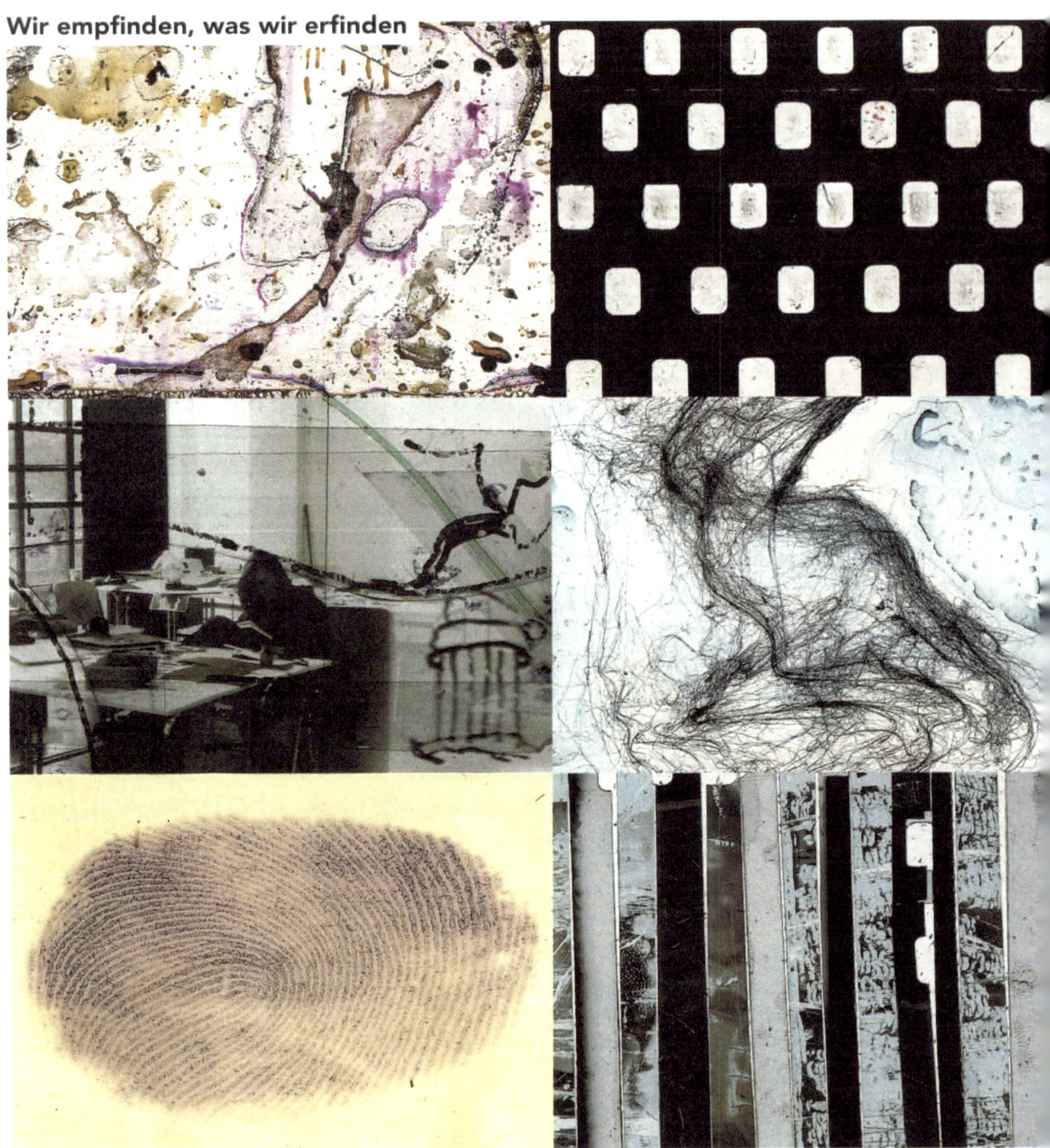

# Verwerten

## *entwerfen und verwerfen*

**Tongenerator mit sechsundzwanzig Speichern, speziell für den zweiten Grundkurs am Bauhaus konzipiert, erlaubt das Sammeln, Kombinieren und Verwandeln von Geräuschen.**

*Ordnungsstrukturen – ob in der Pfanne, in Projektions- und Tonprogrammen, in einem Tongenerator, in einem Abfallkübel, auf einem Stück Papier oder in einem Schulprogramm realisiert – lassen sich vergleichen. Ob etwas Erkenntnis ist oder nur Ballast, ob wir entwerfen oder verwerfen, ob blosse Anhäufung oder Gestalt, ob lediglich Rest oder Exponat, ob nur Ordnungsstruktur oder auch Motivationsstruktur, steht nicht ein für allemal fest.*

*«Auf den Bürgersteigen warten, in saubere Plastiksäcke eingehüllt, die Reste des Leonia von gestern auf den Wagen der Müllabfuhr. Nicht allein ausgedrückte Zahnpastatuben, durchgebrannte Glühlampen, Zeitungen, Behälter, Verpackungsmaterial, sondern auch Badeöfen, Enzyklopädien, Klaviere, Porzellanservice: Mehr noch als an den Dingen, die tagtäglich fabriziert, verkauft, gekauft werden, misst man Leonias Wohlstand an dem, was tagtäglich weggeworfen wird, um Neuem Platz zu machen. So fragt man sich, ob Leonias wahre Leidenschaft auch wirklich, wie gesagt wird, der Genuss neuer und andersgearteter Dinge ist und nicht vielmehr das Abstossen, Vonsichentfernen, Sichreinigen von einer immer wiederkehrenden Unreinheit. Tatsache ist, dass die Müllmänner wie Engel empfangen werden und ihre Obliegenheit, die Reste der gestrigen Existenz zu beseitigen, von stummer Hochachtung begleitet wird wie ein Ritus, der Andacht heischt, oder vielleicht auch nur, weil an das einmal weggeworfene Zeug keiner mehr einen Gedanken verlieren will.»* Soweit das Zitat von Italo Calvino aus seinem Buch «Die unsichtbaren Städte».

Während Wochen haben wir entworfen und noch häufiger verworfen. Langsam füllten sich Papierkörbe, Abfallsäcke und – mit einer grossen Anzahl von Dias vollgestopfte – Dia-Magazine. Das Bauhaus Dessau, wohl das in Ostdeutschland umschwärmteste Fotomodell, hinterliess am Kursende eine Unzahl von Dias, die, wäre man dem üblichen Muster gefolgt, früher oder später hätten entsorgt werden müssen. Wie schon am Begrüssungstag, an dem ich eine Minestrone kochte, sollten auch in der letzten Unterrichtswoche keinerlei Reste oder Abfälle übrig bleiben. Eine durch ein Computerprogramm gesteuerte Projektion veränderte den angefallenen Abfall zu neuen Bildgestalten, und ein eigens dafür konzipierter Tongenerator ermöglichte die Bildung neuer Gestalten. Das Prinzip der äusserst schmackhaften Minestrone, das am Kursanfang stand, wurde am Schluss wieder aufgenommen. Anstelle der Pfanne standen Projektionen, das Gemüse wurde durch Dias und Geräusche ersetzt, das anfängliche Kriterium der Schmackhaftigkeit musste neuen Kriterien weichen.

Johannes Itten, der den Vorkurs der Anfangsjahre des Bauhauses prägte, versuchte die Studierenden zum Vergessen zu animieren, um sie vom «Nullpunkt», man könnte auch sagen aus dem Zustand der Unschuld, für die avantgardistische Gestaltung vorzubereiten. Heute wissen wir, dass es den Nullpunkt nicht gibt. Das Gedächtnis bekommt im Computerzeitalter ohnehin einen andern Stellenwert. Alles speichern ist genauso bedrohlich wie alles vergessen.

## Vorbildlich

*Vorbilder und Vorstellungen:*
Ob sich Bildvorstellungen primär von der äusseren, sinnlich erfassbaren Welt herleiten oder mehr von geistigen Vorstellungen geprägt werden, hängt nicht nur vom Gesichtssinn und vom Denken ab, sondern auch von den Geräten, denen wir Bilder und Gedanken anvertrauen. Ohne Hilfsmittel wähnen wir uns kurzsichtig; und diesem Umstand entsprechend sind wir schnell bereit zu übersehen, anstatt nach dem Geschmack, nach dem Duft, nach der Oberflächenbeschaffenheit, nach der Farbe zu fragen, um das Gesehene auch überdenken zu können. Der Gesichtssinn rückt in die Ferne; aus den Augen, aus dem Sinn stimmt trotz der vermeintlichen Sicht, weil das «Fernsehen» stellvertretend steht für die Entfernung der anderen Sinne. Übersehen und Überdenken unterscheiden sich wie Schwarz und Weiss (siehe auch Seiten 20/21).

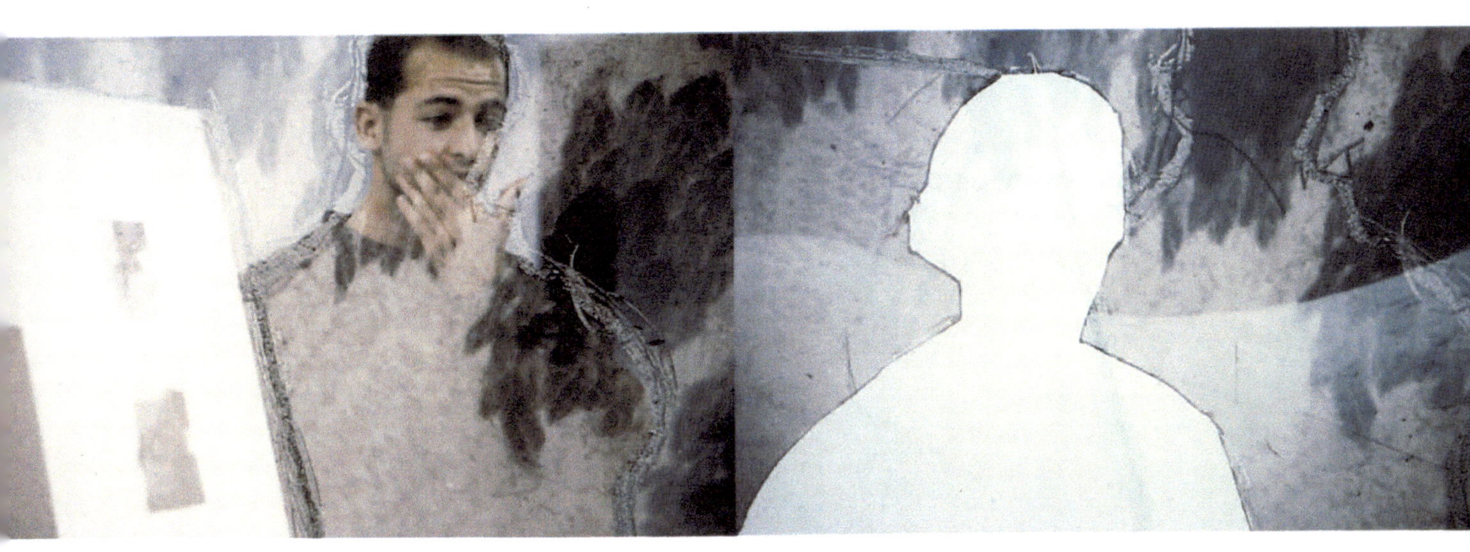

## Vorbereiten und zubereiten

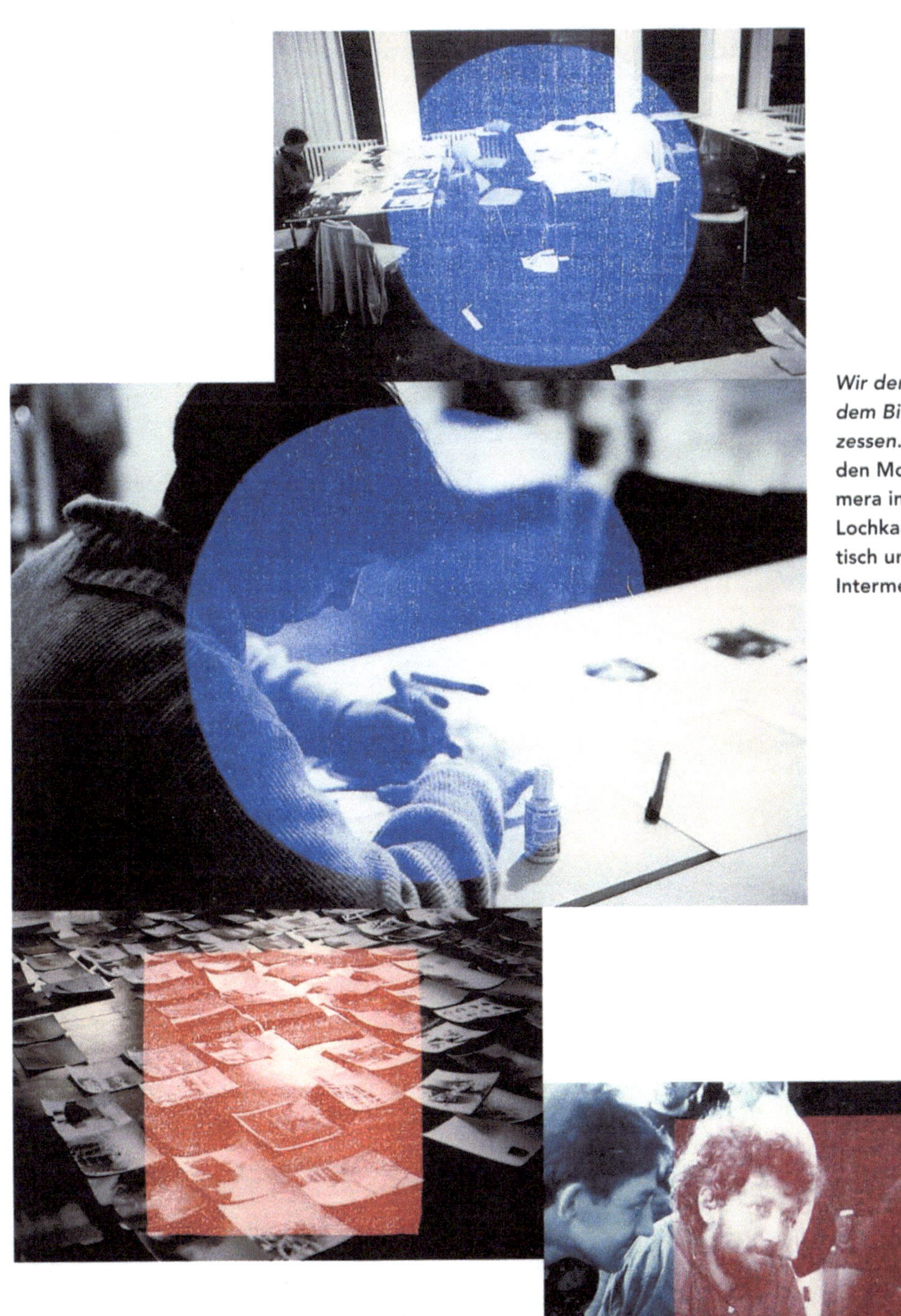

*Wir denken und sehen nicht mit dem Bild, sondern in Bildprozessen.* Von der Performance in den Monitor, von der Videokamera in den Computer, von der Lochkamera auf den Zeichentisch und vom Einzelbild zu Intermedia.

## Trennen, verbinden und verwandeln

*Immer war schon etwas vorher da.* Mehrere Studierende gestalten, gemeinsam, aber in zwei unabhängigen Gruppen, eine Sechsfachprojektion. Die Filme, die von den Studierenden verwendet wurden, waren alle ohne ihr Wissen vorbelichtet. Die Doppelbelichtungen sorgten für Zufälle, ermöglichten andererseits ein durchgehendes Thema im Verschiedenen.

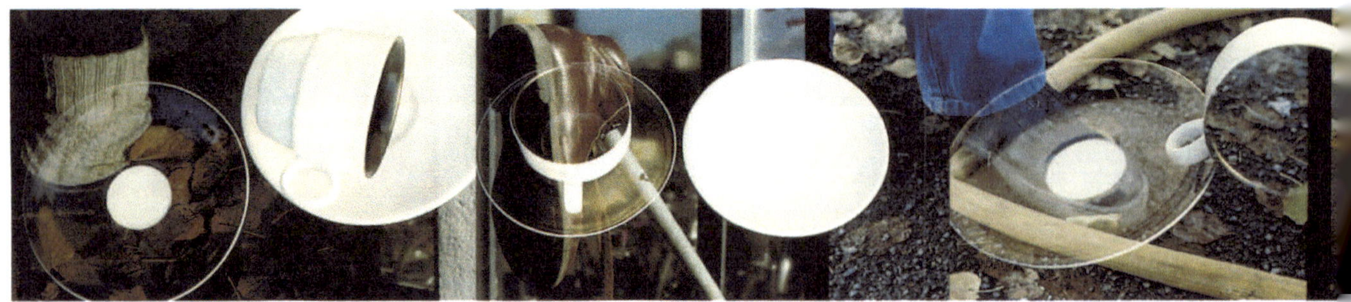

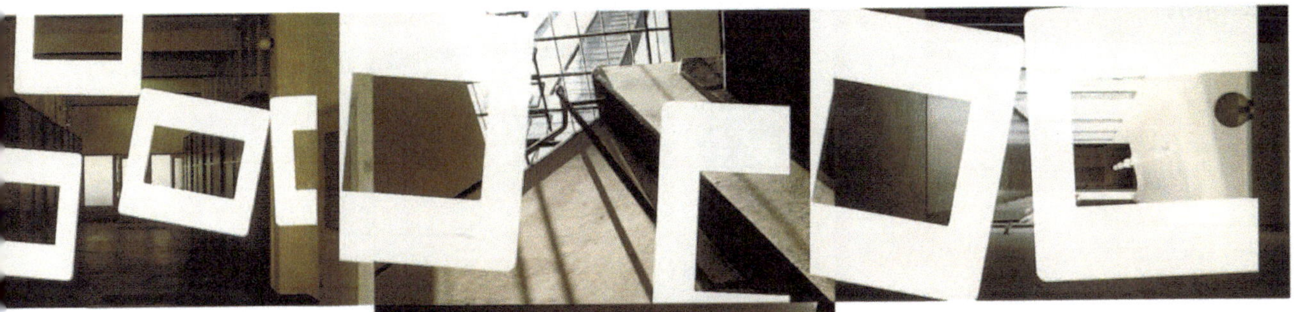

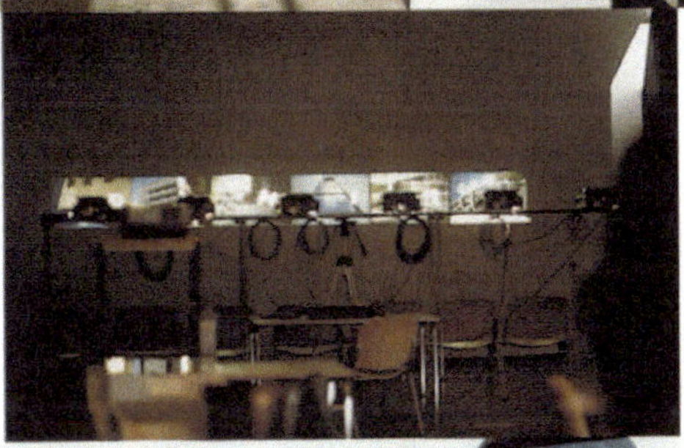

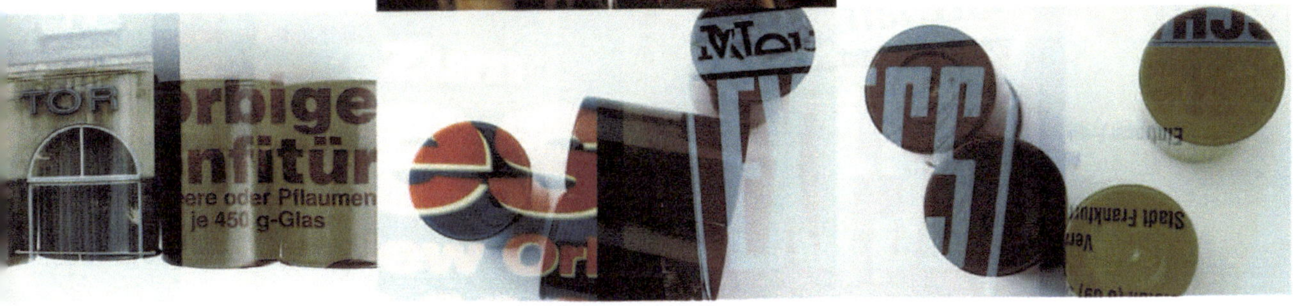
TOR
orbige
nfitür
eere oder Pflaumen
je 450 g-Glas

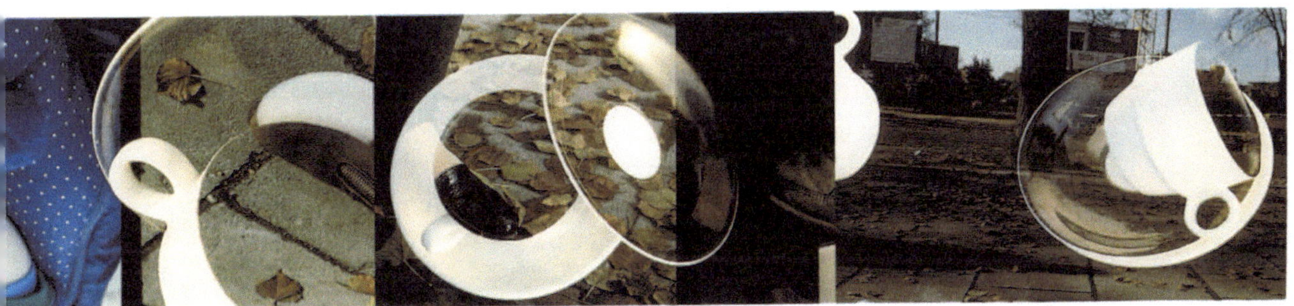

## Bildspiele

*Appetit auf Ordnung*. Der Ausgangspunkt der Ordnung ist die Unordnung, der Ausgangspunkt der Unordnung ist der Zwang zur Ordentlichkeit.

## Kopf und Bauch

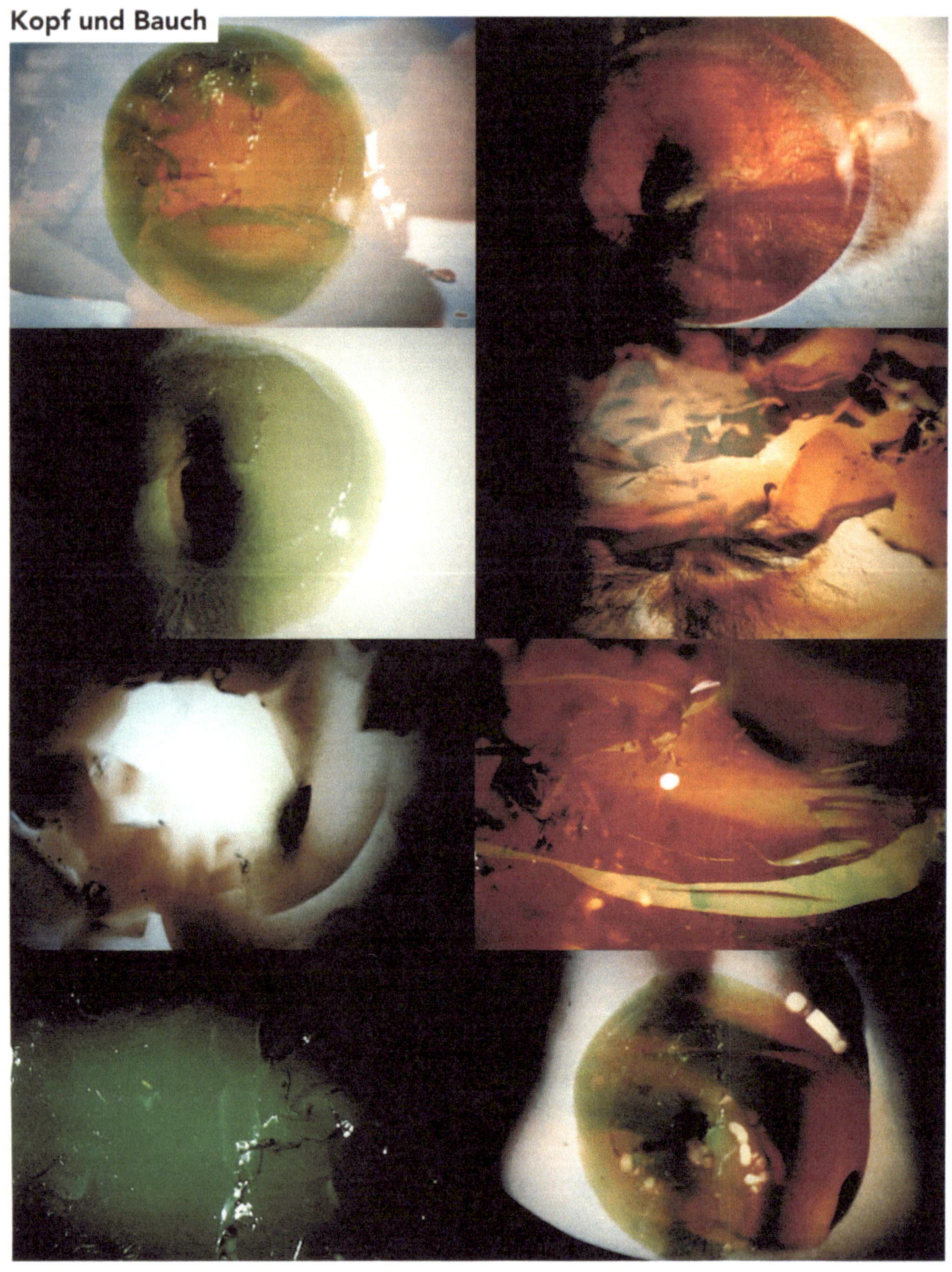

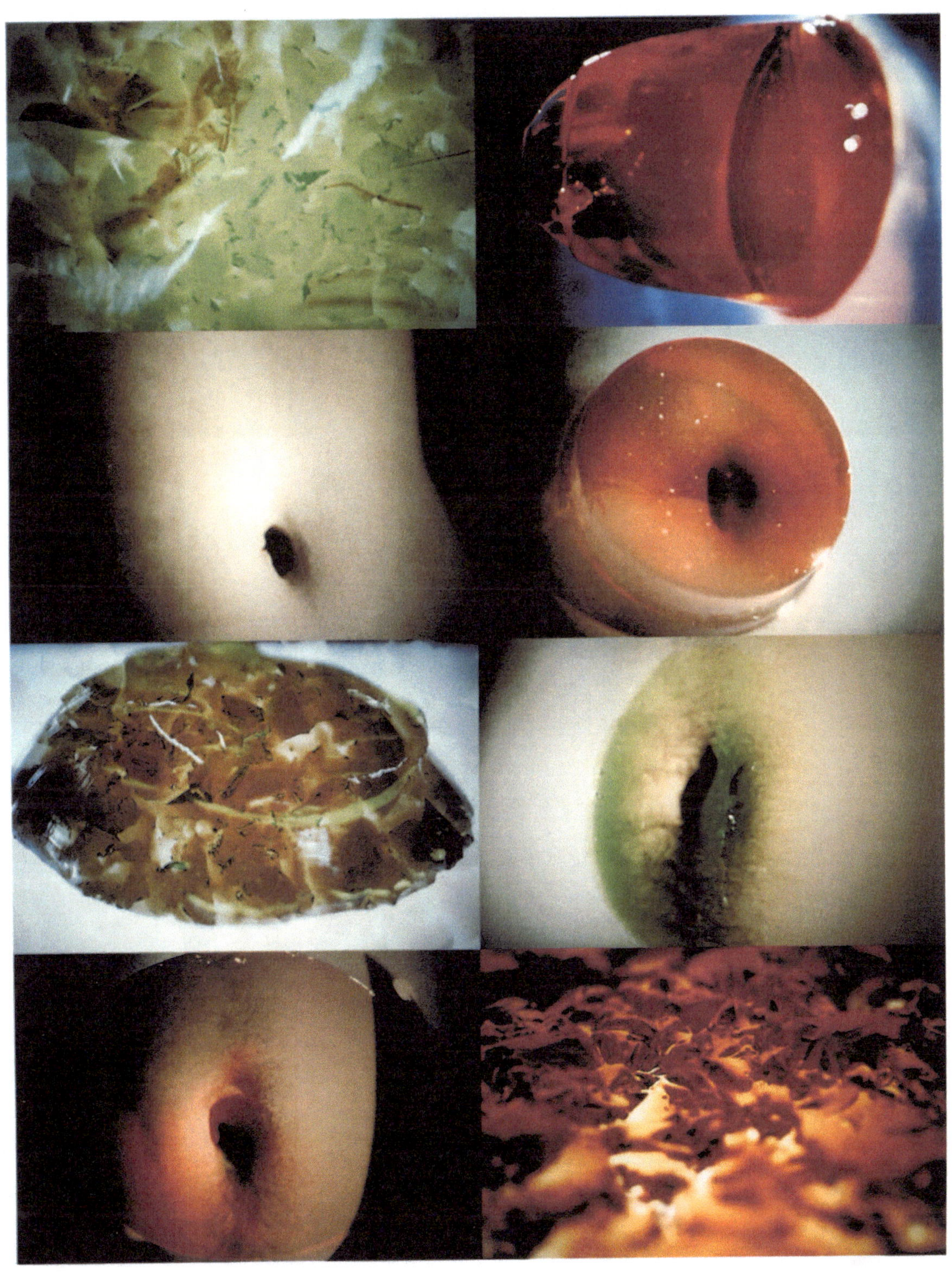

## Kultivieren

*Die Kalligrafie verändert sich.* Punkt, Linie und Fläche fliessen lassen, um Form in der Bewegung zu gestalten (siehe auch Seiten 56/57 und 78/79).

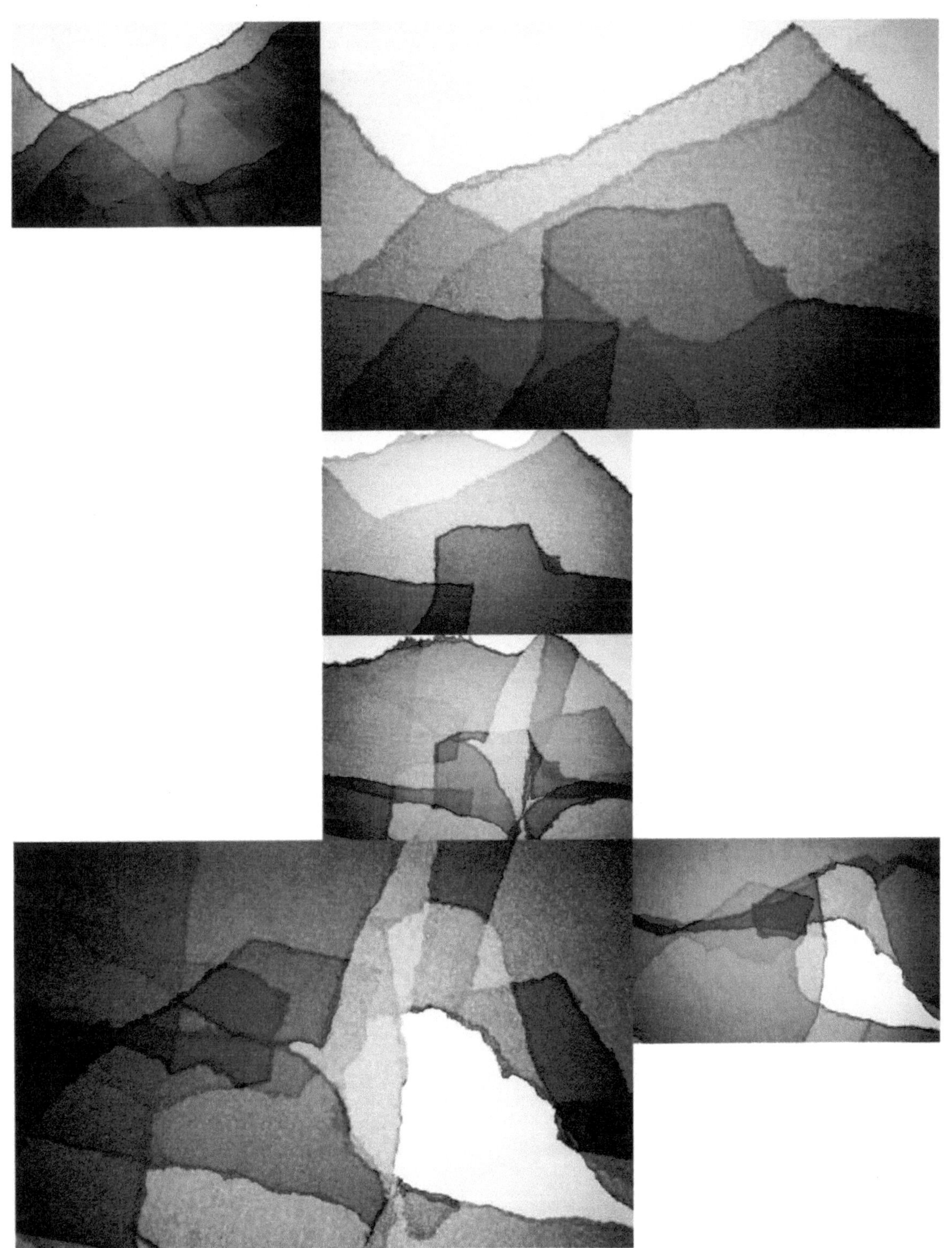

## Versinnbildlichen

*Der Unterschied zwischen Sehen und Wahrnehmen.* Das blosse Sehen, im Überfluss der Möglichkeiten häufig als Zwang zur Oberflächlichkeit eingestuft, wird in der Verbindung mit den übrigen Sinnen zu einer unter vielen Wahrnehmungsmöglichkeiten. Die Interaktion der Sinne beginnt mit der Motivationsgestaltung, die jeder Wahrnehmung zu Grunde liegt. Die Über- oder Unterschätzung eines einzelnen Sinnes wird dadurch erschwert.

## Bildzeit für drei Projektoren

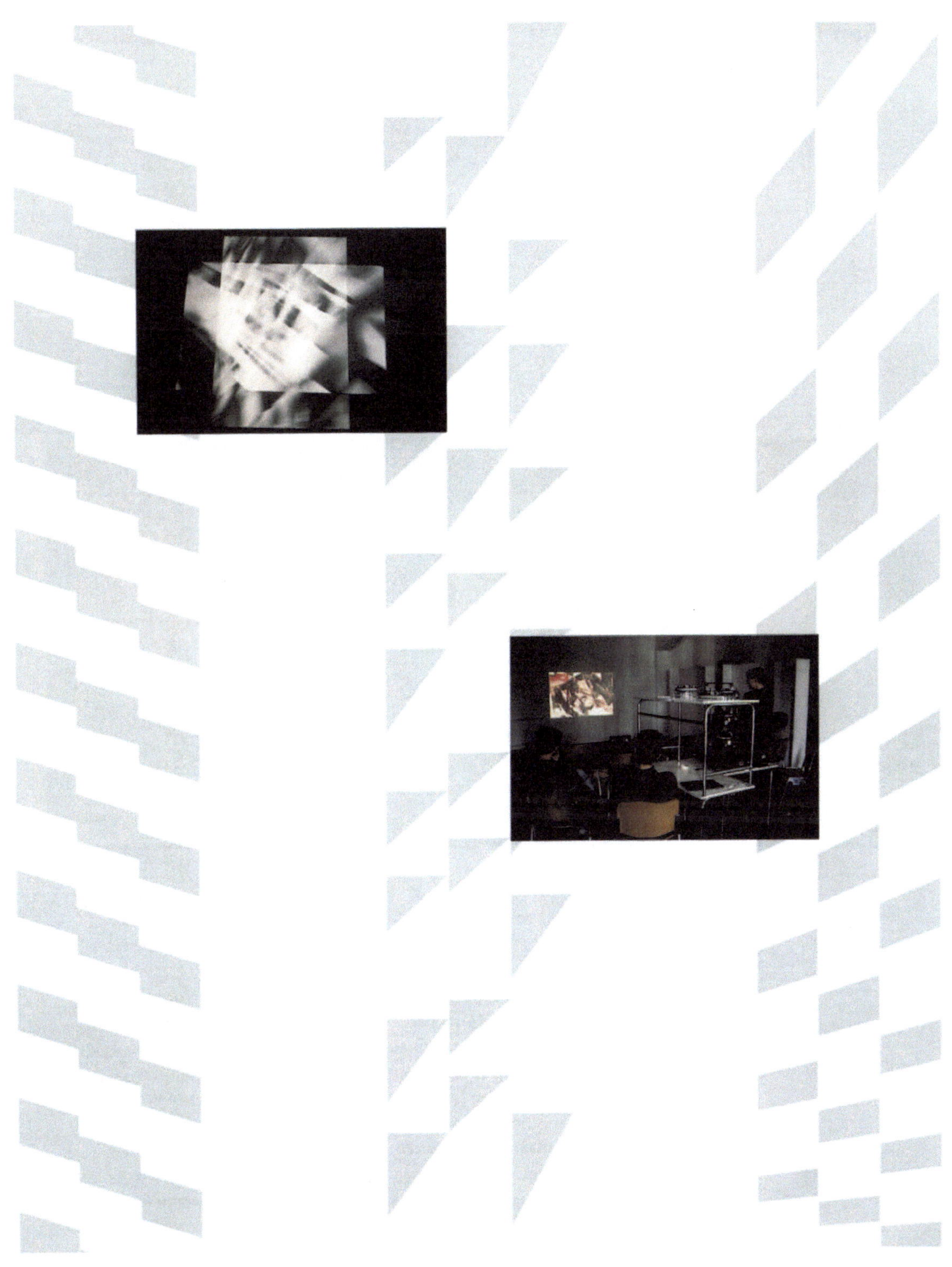

# Den Farben folgen

*Körperlich-reflektierende Wahrnehmungsformen.* Die Performance mit Farben verrückt die Farben aus einer Gruppe von Farbbezeichnungen in eine Struktur von Farberscheinungen. Die Slapstick-Komödie, die bizarren Requisiten, wie sie im Kapitel «Einverleiben» noch zur Anwendung kamen, weichen einer rührigen Behandlungsart, die höchste Konzentration der Mitwirkenden erfordert. Die elektronischgesteuerten Programme der drei Farbprojektoren erlauben dadurch wiederholbare Stücke, aber auch neue Varianten in dieser Farbpantomime. Das Ziel bleibt letztlich immer dasselbe: Wahrnehmungs- und Erscheinungslehre zu betreiben (siehe auch Seiten 18 bis 37).

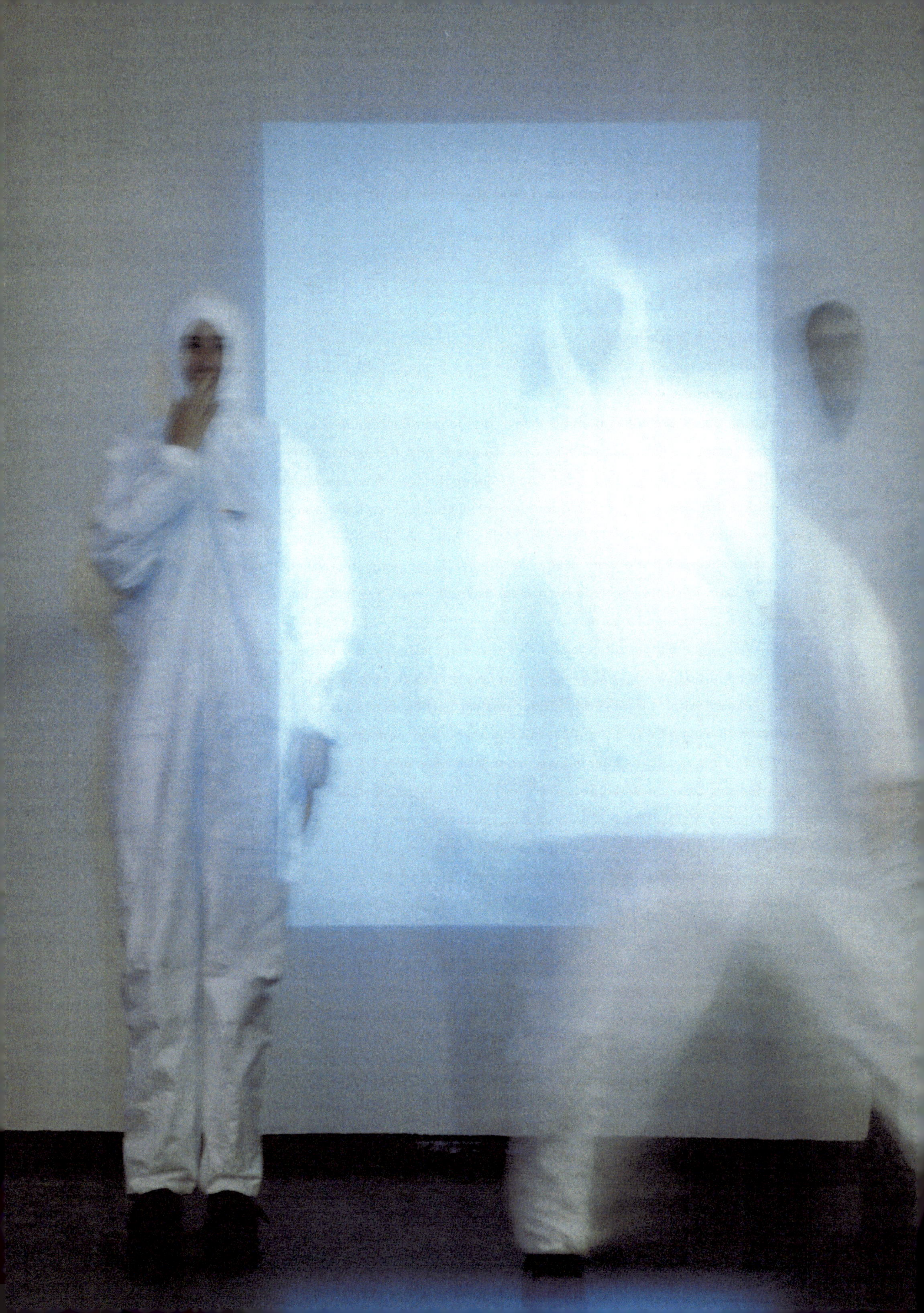

## Warum Bilder nicht allein den Spezialisten überlassen werden dürfen

### Das produktive Durcheinander

*In jedem Bild – auch im einfachsten – finden sich «geologische Schichten» verschiedener Bildformen und -konventionen.*

Es wird an dieser Stelle kaum möglich sein, die ganzen Zusammenhänge beschreibend zu erfassen, die das komplexe Feld des bildnerischen Denkens und des bildnerischen Gestaltens ausmachen. Begriffe wie Gestaltung, Bild oder Kunst stehen für verschiedene Inhalte und Ansprüche, überschneiden sich aber – zu grossen oder kleinen Teilen – in ihren Bedeutungen. Als Bild sei im folgenden natürlich nicht nur eine Zeichnung, Malerei oder ähnliches auf einer Fläche gemeint, sondern jede, also auch unkünstlerische, Darstellung einer Sache, einer Begebenheit oder Idee. Diese Darstellung kann in den verschiedensten Gegenständen Form werden oder sich als ein visuell wahrnehmbares Geschehen äussern.

Viele neue Bildgestaltungen fallen uns zuerst im Umfeld der bildenden Kunst auf und werden dann in mehr oder weniger abgewandelten Formen Teil der allgemeinen Bildkommunikation. Jedes Bild, mit dem wir uns beschäftigen, über das wir nachdenken, ist innerhalb eines individuellen und überindividuellen geistigen Umfeldes mit andern Bildern vernetzt. Bilder sind Produkte der materiellen Gestaltung und ebenso der immateriellen Wahrnehmung. Da in jedem einzelnen Bild verschiedene Arten des Denkens verkörpert sind, konfrontiert uns die Beschäftigung mit Bildern mit den verschiedensten Mentalitäten, ja Weltbildern, macht sie uns offen gegenüber den verschiedensten Bereichen und Disziplinen. Kunstschaffende orientieren sich – ganz besonders die innovativsten unter ihnen – häufig an andern Wissenszweigen, um Gestaltungsformen zu realisieren, die sich von anderen, bereits gebräuchlichen unterscheiden. Diese Anleihen machen grenzüberschreitende Kommunikation unumgänglich, erhöhen den Appetit, Fusionierungen auch dort vorzunehmen, wo sie vorerst kaum vorstellbar waren. Wer die Unterscheidungsfähigkeit verfeinert und dabei dennoch ängstlich auf Konformität achtet, kann seine Erkenntnismöglichkeiten nicht mehren, so sehr er sich auch anstrengen mag. Wir kommen nicht aus ohne «Nestbeschmutzung», ohne Anleihen und ohne Transfer von Wissen aus verschiedenen Disziplinen. Ob ein Bild vom Zufall und von Zufälligkeiten gestaltet bzw. mitgestaltet oder ganz bewusst geformt worden ist, ob eine gestaltete Sache nur als «angewandt» oder schon als «Design» gesehen, als bloss handwerkliche Leistung oder als ein Teil der «bildenden Kunst» beurteilt wird, ist im Zusammenhang mit dem hier gestellten Thema nebensächlich. Abgesehen davon, dass solche Fragen anhand von Kriterien beantwortet werden, die von den verschiedensten Faktoren abhängig und somit nur sehr beschränkt gültig sind. Die Beschäftigung mit dem Bild, mit Bildern sucht hier mehr als die Verfeinerung herkömmlicher Kriterien. Bestimmend sind letztlich die von mir als richtig erachteten Anforderungen an Lehren und Lernen im Bereich des bildnerischen Gestaltens. Wenn ich mit Bildern eine Wahrnehmungsschulung anstrebe, kann das einerseits eine Einschränkung auf unser Gesichtsfeld bedeuten, andererseits wird methodisch eine Vielfalt der Zugangsweisen zugelassen und genutzt. Es gibt für mich nur eine einzige wirklich wirksame Methode, um visuelles Denken zu lernen, im Fluss zu halten und zu durchschauen: diejenige, die verschiedene Methoden der Beschäftigung mit Bildern, den jeweiligen Absichten entsprechend, zulässt. Bilder – und sind sie noch so verschieden – sind auch schematisch. Und wer sich in dieser Verschiedenartigkeit zurechtfinden will, muss im Verschiedenen das Schematische erkennen. Das Resultat der Arbeit nach dieser Methode ist eine Steigerung der Wahrnehmungsfähigkeit. Der Zuwachs an Wahrnehmung wird sich auch nicht nur in der Beschäftigung mit Bildern niederschlagen. Das Bild ist nur Vehikel, das weiterführen soll: Eine gesteigerte Wahrnehmungsfähigkeit ist bei jeder menschlichen Tätigkeit von Nutzen.

**Bilder zur Schulung der Wahrnehmung**

*Die Unterscheidung von Brauchen und Verbrauchen.*

Ich zähle die bildnerische Artikulations- oder Gestaltungsfähigkeit zu unserem «natürlichen Kapital», das allen verfügbar wäre, indes von den wenigsten fruchtbar genutzt wird. Wir müssen feststellen, dass das Angebot an Bildern und die Nachfrage unabhängig voneinander bestehen. Während die Ausbeutung der fossilen Ressourcen der Erde unwiederbringlichen Verbrauch bedeuten, wird unser bildnerischer Vorrat durch Nutzung vermehrt. Was die Banken dem Sparer versprechen, aber längst nicht mehr immer halten, das kann dem, der sich nach meiner Methode mit Bildern beschäftigt, garantiert werden.

Wenn die Formel «alle können zeichnen» durch die Feststellung «niemand kann zeichnen» ersetzt würde, wäre die Voraussetzung da, uns um Vorstellungen zu bemühen, die Anschaulichkeit zulassen; Anschaulichkeit ist die Voraussetzung, um gestalterischen Willen überhaupt erst anzumelden. «Niemand kann zeichnen» ermutigt auch diejenigen unter uns zu zeichnen, die vorschnell der Maxime der Erwachsenen gehorchen, die lautet: Nur das tun, was man wirklich kann! Die Vorteile der arbeitsteiligen Gesellschaft sind bekannt. Weniger bekannt sind die Nachteile. Einer davon besteht im Delegieren des eigenen Vorstellungsvermögens an Bild- und Medienspezialisten. Eine lernende Gesellschaft – wir erlauben uns die optimistische Annahme, dass wir uns in einer solchen befinden – bemüht sich stets, die Zusammenhänge der Dinge, die wir uns verfügbar machen, zu verstehen. Wir wollen «im Bild sein». Wer demzufolge dem Bildwissen, der Fähigkeit, Bilder zu durchschauen, seinen Stellenwert einräumt, mehrt im kulturellen und wirtschaftlichen Sinn Wert.

**Das kann ich auch**

*Weil ich nicht kann, was ich nicht kenne, weiss ich nicht, was ich vielleicht könnte.*

Für einen Millionenbetrag erwarb das Kunsthaus Zürich 1987 das grossformatige Bild «Vengeance of Achilles» von Cy Twombly (1962), von dem die meisten Erwachsenen behaupten, diese Kritzelei hätte jedes Kind produzieren können. Inwieweit dies stimmt, sei dahingestellt. (Ferdinand Gehr, der wohl bedeutendste religiöse Schweizer Maler der Gegenwart, reagierte einmal auf den Einwand «Das kann mein vierjähriger Bub auch» mit der so lapidaren wie bedeutungsvollen Antwort «Ihr Bub schon, aber Sie nicht!».) Unzweifelhaft wollen so gut wie keine Erwachsenen ein Bild wie Twomblys «Vengeance of Achilles» selbst zeichnen oder malen und sind daher eben auch nicht imstande. Falls Kunst von «Können» kommen würde, ist Twombly, der «Meister der Kritzeleien», ein Künstler, denn er kann, was andere nicht können. Die Herstellung elementarer, primärer, rudimentärer Bilder – seien es Spuren, Kritzeleien, dilettantische Zeichnungen, rasch fabrizierte Fotos und Videos – ist nur scheinbar mit einem kleinen Aufwand verbunden, denn das offene Denken kostet Überwindung wie jedes Sichöffnen auch. Das lineare Denken wird meistens ausgiebig gepflegt, nachdem Veränderungen bereits stattgefunden haben. Geschehen aber Veränderungen in immer kürzeren Zeitabständen, ist unsere Fähigkeit dahingehend zu schulen, dass lineares Denken mit assoziativem Denken ergänzt werden muss. Linear und assoziativ – in gleicher Wertung – ist erst dann möglich, wenn systematisches Abschweifen nicht von vornherein in der Wertung negativ ausfällt. «Nichts fürchtet der Mensch mehr als die Berührung durch Unbekanntes», so lautet der erste Satz von Elias Canettis Werk «Masse und Macht». Angesichts der heutigen Omnipotenz und Allgegenwärtigkeit der Bilder müsste auf allen Stufen der Ausbildung das Studium der Natur durch das Studium der Bilder ergänzt werden. Dies kann in der Schule geschehen, aber auch beim bewussten Fernsehkonsum oder im Museum. Nicht der Weg, sondern das Ziel ist wesentlich. Bilder – im weitesten Sinne – sollen als wichtiger Bestandteil unserer Lebenswelt anerkannt werden. Direkte Wahrnehmung auf die Bilder wird unmöglich, wenn Bildgeräte nicht mehr nur Hilfsmittel sind, sondern eigentliche Sehprothesen. Paul Virilio behauptet, dass wir heute vor der unerhörten Erfindung eines Sehens stehen, das ohne Sehen auskommt.

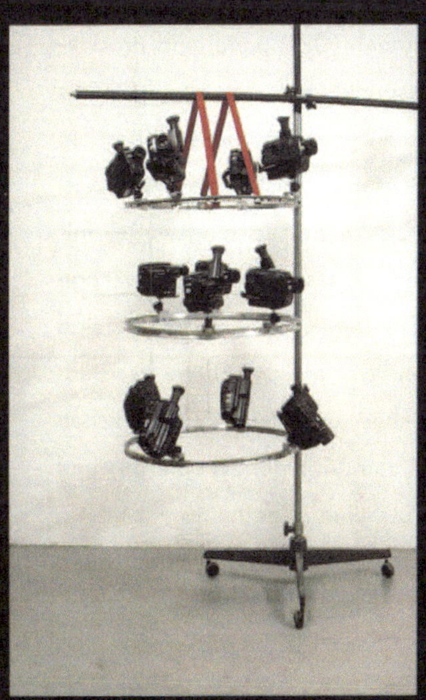

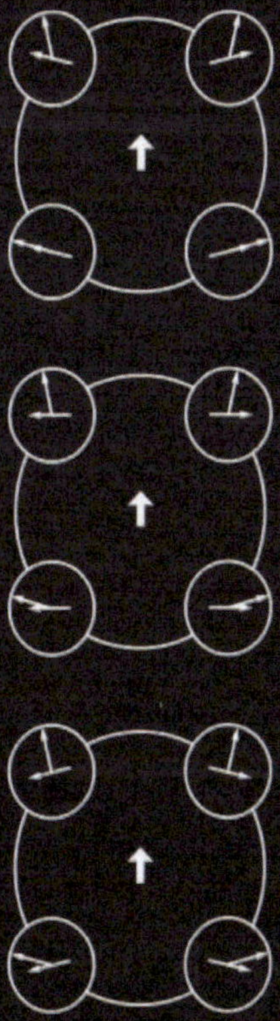

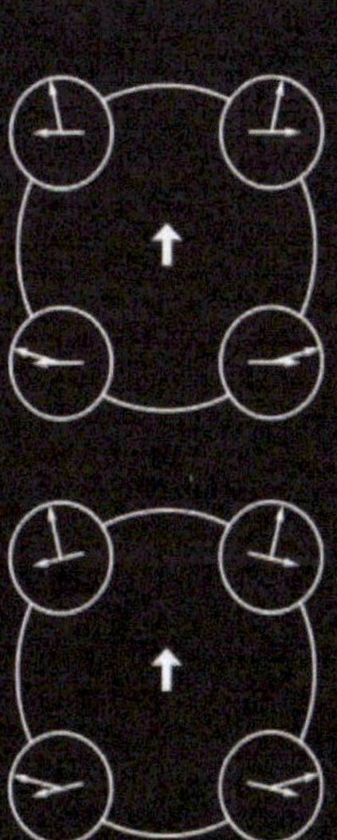

*Die getäuschte Täuschung.* Der Gesichtssinn steht im Abhängigkeitsverhältnis mit den visuellen Täuschungen; würden sie wegfallen, wäre dies gleichbedeutend mit dem Wahrnehmungsverlust. Die getäuschte Täuschung hingegen ist gleichbedeutend mit dem Wahrnehmungsgewinn. Tragbares Videokleid für zwölf Kameras.

**Mitdenken und Nachdenken**

*Einmal unter die Netzhaut gebracht, verhalten sich Bilder wie Saatgut unter der Erdoberfläche. Da keimt's, da wächst's, da kommt's schliesslich zur Selbstmultiplikation.*

Zu unterscheiden gilt es dabei zwischen zwei Arten von Bildern: denjenigen, die unser Denken fördern, und denjenigen, die für uns denken wollen. Es steht dabei nicht von vornherein fest, welches Bild in welche Kategorie fällt. In der visuellen Kultur unserer Tage gehören kommerzielle Bilder wie Videoclips, Börsengrafiken und Werbedesign zu den ultimativen Erscheinungsformen, die nicht mehr als ganz bestimmte Informationen vermitteln wollen. Doch auch diese Bilder lassen eine alternative Betrachtungweise zu. Wir müssen nur lernen, sie gleichsam gegen den Strich zu sehen, das heisst aufs Raffinierte mit der Kultivierung unserer eigenen Wahrnehmungsfähigkeit zu reagieren.

Wer Bilder anfertigen will, braucht eine gewisse Begabung, kann von Handfertigkeit und technischem Geschick profitieren. Wer sich mit Bildern auseinandersetzen will, braucht diese Voraussetzungen nicht. Nötig ist aber die Sensibilisierung und Verbesserung der Unterscheidungsfähigkeit als kulturelle Leistung, die man in jedem visuell Interessierten fördern kann. Die Welt der Bilder bleibt häufig durch die Fehleinschätzung individueller bildnerischer beziehungsweise gestalterischer Möglichkeiten verschlossen. Die Studierenden äussern sich nicht selten in folgender Weise: «Im Kopf hätte ich es schon, nur die Hand...» Und umgekehrt: Wenn es einer dann in den «Händen» hat, muss man leider feststellen, dass es der Kopf ist, der nicht immer fähig ist mitzuhalten.

**Künstlerische Arbeitstechniken**

*Unsere Beziehungen zu Bildern verraten, wie ernst es uns ist mit dem interdisziplinären Verständnis.*

Bei schöpferischer Arbeit ist ein Gleichgewicht zwischen Aufwand/Nutzen (Ökonomie) und Produktion/Konsumation (Arbeitsteilung) anzustreben. Unter diesen Gesichtspunkten ist es sinnvoll, etwas egoistisch zu sein und die Vorteile künstlerischer Arbeitstechniken zeitgenössischer Kunst in Anspruch zu nehmen, auch wenn keine beruflichen Absichten in Richtung Kunst zielen. Der zeitgenössische Inhalt der Kunst ergibt sich auch durch eine zeitgenössische Betrachtungsweise, mit anderen Worten, selbst ein Werk, das vor Jahrhunderten entstanden ist, lässt eine gegenwärtige Wahrnehmungsperspektive zu. Unabhängig von den Gepflogenheiten der Kunstwissenschaft sind wir frei, die Bilder mit eigenen Erfahrungen in Verbindung zu bringen. Wer auf der Ebene der Bildbetrachtung plötzlich Gemeinsamkeiten entdeckt zwischen einem Bild und seiner persönlichen Erfahrung, motiviert sich auf sinnvolle Weise. Sich einmischen wird zum Akt der Neugierde, und Neugierde sollte uns allen gemeinsam sein. Das Wort kreativ hat heute eine negative Konnotation, weil es in den Freizeitraum abgedrängt wurde und weil Sentimentale ihre Selbstverwirklichung damit verknüpfen. Die Notwendigkeit, Grundlagen des bildnerischen Gestaltens anzubieten, diese Art des Lernens für sich selbst zu beanspruchen, sollte sich nicht auf das Architekturstudium beschränken. Denn bildnerisches Denken gehört zu den Grundbedürfnissen, auch wenn sich diese Erkenntnis nirgends in den Stundenplänen niederschlägt. Doch auch unabhängig von Stundenplänen entspricht das autonome Lernen einem Zugzwang, weil Schulen keinerlei Monopolansprüche mehr haben, wie und wo gelernt werden kann. Dies wissen alle, die auch sonst fähig sind, auf Veränderungen zu reagieren. Wer mit den eigenen und den verfügbaren Bildern denken lernt, gewinnt dadurch ein Stück Lebensqualität in Form von Vorstellungsvermögen und auch einen Weg, über die Schule hinaus lernfähig zu bleiben. Wir müssen alle so viel von künstlerischen Arbeitsmethoden verstehen, um zu begreifen, worum es geht. Die Geistes- und Naturwissenschaftler wie die Ingenieure sollten dahinkommen, über das Sehen zu reflektieren und die «fixen» Bilder so weit «beweglich» machen können, dass sich im Chaos der Bilderflut Muster, durchschaubare Ordnungen zu erkennen geben. Diese Muster beanspruchen Zeit, um erkannt zu werden. (Wenn ein Stadtbewohner eine Herde Kühe betrachtet, sieht er eine Viehherde; wenn ein Landbewohner dies tut, unterscheidet er zwischen jüngeren und älteren Tieren, wenn ein Bauer den Blick auf die Tiere richtet, kann er zwischen jungen, alten, trächtigen, schönen und hässlichen Tieren unterscheiden. Die Fähigkeit, Zusammenhänge zu bilden, dem Blick Antworten oder Fragen folgen zu lassen, ist entscheidend dafür, ob wir etwas als schön oder hässlich empfinden. Die angeborenen, anerzogenen oder gesellschaftlich geprägten Sehweisen müssen wir über unsere Erkenntnismöglichkeiten differenzieren und bereichern.)

**Wieviel Freiheit braucht der Mensch?**

*In den Bildern scheint die Freiheit grenzenlos zu sein. Unser Anspruch auf Freiheit ist aber unweigerlich mit der Erfahrung von Zwängen verbunden. Auch die Wahrnehmung unterliegt Gesetzen. Die meisten davon bewirken partielle Blindheit und optische Täuschungen.*

Viele Erwachsene halten Bilder lediglich für ein Ablenkungs- und Zerstreuungspotential, mit dem von realen Problemen des Lebens abgelenkt werden kann. In Übereinstimmung mit dieser Vorstellung wird Raumschmuck für die eigene Wohnung eingekauft, wählt man beim Knipsen für den Hausgebrauch Fotomotive oder das Fernsehprogramm. Auch dort, wo – so nimmt männiglich an – die anspruchsvolleren Bilder zu sehen sind, nämlich in Museen, Kunsthallen und Galerien, sucht man zumeist und vor allem Kunstwerke, in denen das genannte Ablenkungs- und Zerstreuungspotential ebenfalls steckt. Ausstellungen, die zu Besucher- oder Verkaufserfolgen werden, befriedigen jenes Bedürfnis ganz besonders. Solche Vorstellungen können sich deshalb ungehemmt entfalten, weil sie – wie andere Dummheiten mehr – keine natürlichen Feinde kennen. Wer es versteht, für ein Bild von

Paul Klee Aufmerksamkeit zu mobilisieren, bringt eine ähnliche visuelle Erlebnisbereitschaft vielleicht auch vor einem Werkplan, einem Computerbild, einem – egal, ob gut oder schlecht – gestalteten Raum auf.

Selbst die Phantasie unterliegt – wie oben erwähnt – Wahrnehmungsgesetzen, die es zu entdecken gilt. Wer in Zusammenhängen sieht und begreift, gibt etwas auf, was andere zunächst beunruhigen mag: die Eindeutigkeit der Erfahrung. Bilder können also erzieherisch wirken, indem sie uns beibringen, die Mehrdeutigkeit und Komplexität zu schätzen. Bilder lassen uns spüren, dass Verunsicherung nicht nur eine unangenehme, sondern auch eine bereichernde Erfahrung sein kann. Bilder öffnen Türen in fremde mentale Räume, die man besetzen darf, ohne dass jemand die Polizei ruft oder mit Strafklage droht. Sie stellen eine für uns wichtige Freiheit bereit. Gedanken sind frei, in Bildern sind sie vielleicht noch etwas freier als anderswo. Wer das Lächeln der Mona Lisa deutet und versucht, unter Berücksichtigung anderer Auslegungen zu einer eigenen Meinung, zu einem eigenen Eindruck zu gelangen, befragt nicht nur ein Bild, sondern auch sich selbst und die persönliche Emotionalität.

**Das Bild als überschaubares Ganzes**

*Wie klein, wie ausschnitthaft muss ein Ganzes sein, um tatsächlich für uns noch überschaubar zu sein? Ein Bild ist die kleinstmögliche überschaubare Einheit mit der grösstmöglichen Komplexität.*

Für den Erwachsenen gibt es zwischen Bild und Realität einen Widerstreit. Das Bild ist für den entbildeten Menschen minderwertiger als die sogenannte Wirklichkeit. Diese läppische Überzeugung kann sich bei Stundenplankürzungen zuungunsten des bildnerischen Unterrichts auswirken. Auch eine Hochschule entscheidet sich in einer arbeitsteiligen Gesellschaft begreiflicherweise bis zu einem hohen Grad für die Spezialisierung. Doch gehört zum Grundsatz einer Hochschule nach wie vor die Vermittlung einer Bildung, die das Verstehen umfassender Zusammenhänge ermöglicht. Solche Leitbilder sind glücklicherweise gültig geblieben, auch wenn die ihnen zugrunde liegende Idealvorstellung von einem modernen Universalgelehrten oder -gebildeten zum Widerspruch in sich selbst geworden ist.

Will man den Festrednern glauben, dann ist das Vermögen, wenn nicht universal so doch wenigstens interdisziplinär zu denken, eines der erstrebenswertesten Ziele der Bildungsarbeit. Was die Hochschule von der reinen Wissensvermittlungsanstalt unterscheiden sollte, wäre der Einbezug all dessen, was unsere Ahnen und Zeitgenossen nicht nur rational, sondern auch emotional bewegt hat und bewegt. Die Spuren dieses Teils der Kultur sind in Bildern verschiedenster Art auf besonders anschauliche Weise erlebbar.

**Wer Leonardo zum Massstab nimmt, ist zur Untätigkeit verurteilt**

*Bilder, die zur Bewunderung animieren, sind allemal bequemer als jene, die uns verunsichern oder sogar so weit bringen, dass wir unser Denken und Handeln neu orientieren.*

Musil hatte die Erkenntnis: «Nicht das Genie ist seiner Zeit voraus, sondern der Durchschnittsmensch ist um hundert Jahre hinter ihr zurück.» Von Bazon Brock stammt der Ausspruch, dass auch ein Genie bloss ein «Kind seiner Zeit» ist. Wer sich stets am Genie misst, kommt sich als Stammler, als linkischer Tölpel vor und wird kaum ermutigt, zum Beispiel Bilder selbst zu entdecken oder zu schaffen. Unter diesen Voraussetzungen überlässt man das bildnerische Tun resigniert dem Spezialisten. Der Verzicht auf bildnerische Aktivität entspricht jedenfalls einem Verlust, der zu Lasten von Erkenntnissen geht. Aktiv sind auch diejenigen, die über Bilder nachdenken. Marcel Duchamp, der in den letzten Jahren seines Lebens nur noch Schach gespielt haben soll, anstatt Kunstwerke zu schaffen, hat gerade mit seiner Produktionsverweigerung Voraussetzungen erfunden, die mehrere Generationen von Kunstschaffenden aktiv werden liessen. Sich den Bildern heute zu verweigern, wäre denn auch weit schwieriger, als sie mehr oder weniger zu übersehen. Marcel Duchamp mag sich von den Bildern distanziert haben und produzierte dennoch mehr Bilder als jemals zuvor: er wurde zum Vorbild, das millionenfach reproduziert wurde. Vorbilder sind für unser Leben – auch für Blinde – nicht weniger wichtig als Brot. Dass im Wort Vorbild die Bezeichnung Bild enthalten ist, heisst ja nicht, Blinde hätten weniger Vorbilder als die Sehenden, und auch nicht, dass sie nicht genauso in Bildern denken wie diejenigen, die Bilder über die Augen aufnehmen. Anstelle des Gesichtssinnes, der für Täuschungen bekanntlich ja immer ein offenes Auge hat, bilden die anderen Sinne und Erfahrungen die Bildvorstellungen. Da wir das meiste, das wir sehen, mit dem Hirn sehen, kann niemand ernstlich behaupten, Blinde hätten keine Bilder.

Bei Bildern versagt der Massstab des Fortschritts. Das Neue ist nicht einfach besser als das Alte, genausowenig wie umgekehrt. Deshalb sind gewisse Konstanten in einer Höhlenzeichnung wie in einem Werk von Picasso, einer Kinderzeichnung oder einem Werkplan zu finden. Bilder gehen in Bilder über, stehen simultan in ständigem Nebeneinander zur Verfügung. Das Repertoire verändert sich durch die Medien, die das Repertoire ständig verfügbar halten. Konstanten bestehen trotzdem weit länger, als die Bilderschwemme vermuten liesse. Spuren, Piktogramme (von den Höhlenzeichnungen über die Hieroglyphen bis zu Computergrafiken), Perspektiven und Collagen beinhalten nicht nur Stilunterschiede, sie finden sich auch in völlig verschiedenen Techniken oder Zeitabschnitten der Bildgeschichte. Selbst wenn der Computer die Fülle explosionsartig wachsen lässt, die grundlegenden Bildformen sind kaum breiter geworden – es sei denn, die Schwemme sei ebenfalls schon eine Bildform. Eines der effektivsten Mittel, ganzheitlich denken zu lernen, ohne sich in der

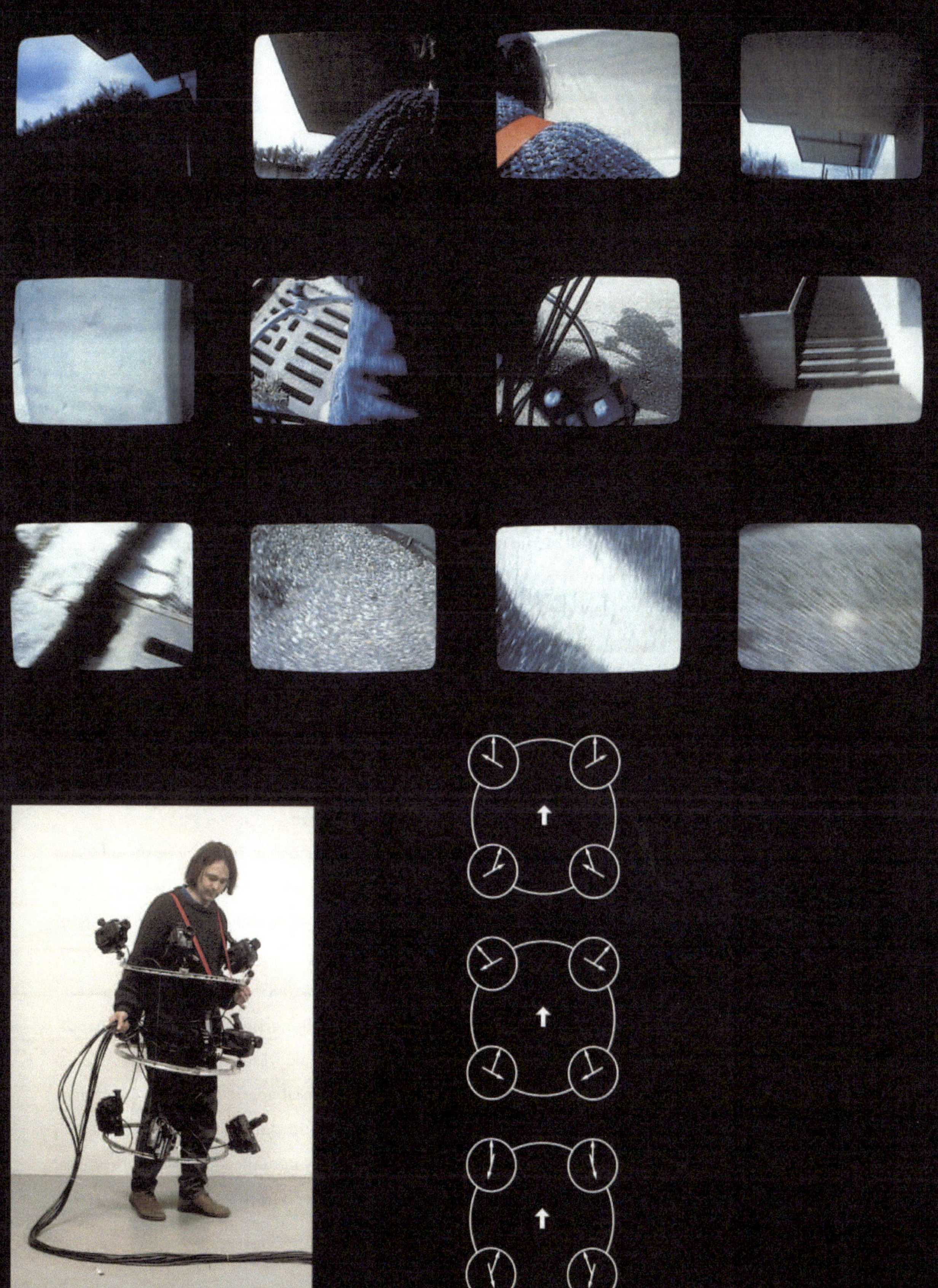

Uferlosigkeit zu verlieren oder in eine Beliebigkeit abzugleiten, liegt im Unterrichten von Bildwissen. Das Bildwissen besteht nicht im Unterscheiden von Techniken, Ismen und Stilen, sondern in der Fähigkeit, im Verschiedenen das Gleiche zu erkennen, im Wechsel das Konstante und im Speziellen das Allgemeine auszumachen. Unser Umgang mit Bildern liefert dabei zuverlässige Hinweise, wie ernst es einem mit diesem ganzheitlichen Denken ist. Die einfache Frage, was denn Bilder für einen Nutzen haben für die konkrete Berufsausübung oder für die Alltagsbewältigung, macht die Differenz zwischen dem Wünschenswerten und Machbaren sichtbar. Bis das Bildwissen als gleichwertig zum Sprachwissen Anerkennung findet, müssen wir noch viel unternehmen. Wer bereit ist, hier (mit, über und in Bildern) zu lernen, wird nicht gerade ermuntert, vielleicht sogar mit Hindernissen konfrontiert. Kommt einer, der einen Job ausüben möchte, bei dem die Haupttätigkeit im Umgang mit Bildern besteht, wird ihm mitgeteilt, dass dazu ein Beruf unumgänglich sei. Will er dann einen Beruf ergreifen, wird Talent verlangt, kann er Talent nachweisen, lautet die Forderung nach noch mehr, nämlich Berufung. Spricht man von Berufung, wird intendiert, dass in diesem Fall weder Schulen noch Lehrkräfte benötigt würden, weil sich die Fähigkeiten allein aus sich selbst entfalteten. Doch unser Verhältnis zu den Bildern wird sich erst dann ändern, wenn die Selbstverständlichkeit, lesen und schreiben lernen zu wollen, auch für das bildnerische Denken gilt. Damit sich die Massstäbe in dieser Hinsicht verändern, müssen wir einen Begriff einführen, der geradezu als schulfeindlich gilt: Musse.

**Wieviel Musse braucht die Ausbildung?**

*Sich langweilen ist ein Grundrecht im Prozess der Veranschaulichung. Wir brauchen Beschaulichkeit, um lange genug zu verweilen, damit sich Erkenntnisse einstellen können.*

Aus der Praxis, für die Praxis – das ist unser oberster Ausbildungsgrundsatz. In der Vermittlung von direkt nutzbarem Fachwissen wird Musse kaum eingeplant. Sie gilt als unproduktiv. Es wäre gut, hier zu differenzieren. Man kann die Zeit vor dem Fernseher totschlagen – bei millionenfacher Einschaltquote. Ein Student kann während einer langweiligen Vorlesung die Zeit überbrücken, indem er Blätter mit Kritzeleien und Hieroglyphen füllt. Die Musse mag zwar im Stundenplan nicht vorgesehen sein, doch sie behauptet sich in Nischen und wäre insofern mit dem bildnerischen Denken verwandt, das – wenn überhaupt zur Kenntnis genommen – von den meisten Fakultäten als musisches Luxusfach eingestuft wird. Die Motivation, zu zeichnen, kann sich also über Umwege ergeben. Für dieses Zeichnen – schon gar nicht für das selbstvergessene Kritzeln – steht in der Regel kein methodisch aufgebautes Lehrangebot zur Verfügung. Das Lernen geschieht unsystematisch und zerstreut. Bei positiver Auslegung könnte man es zumindest als lebensnah bezeichnen.

Das systematische Üben bildnerischen Denkens akzeptiert als Ausgangslage auch das Nichtkönnen. Ein Lehrer soll nicht nur Fachwissen vermitteln, sondern auch Motive zum Lernen anbieten oder verstärken. Um zu motivieren, braucht es mancherlei List. Denn das Selbstverständnis, das Wissenschaftler und Wissenschaftlerinnen an der Hochschule haben, ist nicht mit dem von künftigen Architekten und Architektinnen zu vergleichen. «Ich verstehe ja nichts von moderner Kunst oder moderner Architektur, aber das soll schön sein?» Eine solche Bemerkung dürfen alle ungestraft machen, eine Begründung verlangt dieses Urteil nicht. Dabei wird das Urteil zur Verurteilung, wenn das, was hinter den Bildern liegt, als Synonym für Unordnung oder gar Freiheit interpretiert wird. Dass Freiheit nicht unabhängig von Verantwortung existiert, wird von all jenen übersehen, die Verantwortung nicht breit abstützen möchten oder mit Macht verwechseln. Bei den Bildern ist die Demokratie abhängig vom Informationsstand und die Manipulation vom Mangel an Bildwissen. Pädagogik muss hier nicht nur Wissensvermittlung bieten, auch Abbau von Vorurteilen wird zum zwingenden Lehrinhalt, der gerade im Umgang mit Bildern besonders gut vermittelt werden kann. Das berufliche Selbstverständnis, das in wissenschaftlichen Disziplinen Voraussetzung für erfolgreiches Lernen ist, muss im bildnerischen Denken, im gestalterischen Grundlagenunterricht erst vermittelt werden.

**Das Risiko der Ordnung**

*Goya versah die Radierung 44 aus dem Zyklus «Desastres de la Guerra» mit dem Kommentar «Das sah ich» (Yo lo vi). Zu Ordnungshütern werden Bilder erst dann, wenn uns ebenfalls die Augen aufgehen.*

Generative Prinzipien wie Ordnung/Unordnung haben für den bildnerischen Grundlagenunterricht zentrale Bedeutung, weil sie die Fähigkeit schulen, komplexe Sachverhalte verständlich zu machen. Unordnung motiviert unseren ordnungsschaffenden Augensinn. Im bildnerischen Denken leitet sich Ordnung von Unordnung ab. Da der Mensch heute mehr denn je zuvor in verschiedenen Bildern denkt, benötigen wir dringend Bildbegriffe, mit denen sich Muster in der Unordnung erkennen lassen. Der Blick auf einen Abfallhaufen kann deshalb genausogut Anteil haben an der Forschung im bildnerischen Denken wie ein Gang durch eine Ausstellung von Kandinsky. Ein prinzipieller Unterschied zwischen beiden Situationen ist vergleichbar mit der Differenz zwischen Werkzeug und dem Produkt, das mit dem Werkzeug hergestellt werden kann. Der Computer bleibt Werkzeug wie ein Bleistift auch. Erst seit der Allgegenwart des Computers scheint eine Werkzeugkunde mehr denn je nötig. Es bleibt offen, ob nicht das einfache und das technisch aufwendige Werkzeug die willkommene Voraussetzung sein können, zu verhindern, dass wir innerhalb anderer Tätigkeiten an zünden-

den Ideen vorbeisehen. Der Investitionsgrad an Technologie kann auch in finanziellen Investitionsgrössen abgelesen werden. Wenn der Abfallhaufen, wenn Unordnung Werkzeug sein kann, muss man damit leben, dass auch das Einfachste erklärungsbedürftig ist, nicht nur technisch Aufwendiges. Wer auf Anschaulichkeit im Schulstoff besteht, fördert, vermittelt mehr als reines Wissen; der kulturelle Wert ist nicht ablesbar aus der Höhe der Kapitalinvestition. Der Zuwachs schlägt sich auch in Kommunikationsfähigkeit nieder, denn über Bilder erhitzen sich gern und oft Gespräche. Bilder erschliessen nicht nur Dialogebenen zwischen Menschen, sondern auch über verschiedene Zeiten hinweg. Wer grosse Ausstellungen berühmter Künstler besucht und an Führungen teilnimmt, stellt nicht nur einen grossen Erklärungsbedarf beim Publikum fest. Es wird auch offensichtlich, wie lernfähig und kommunikationsfähig Menschen jeden Alters sein können.

Was für die scheinbare Dichotomie Ordnung/Unordnung gilt, lässt sich auch an dem Begriffspaar Rationalität/Emotionalität verdeutlichen. Dass man zwischen Sinn und Unsinn unterscheiden kann, ohne das eine mit der Rationalität, das andere mit der Emotionalität gleichzusetzen, ist in unserem Begriff vom gleichgewichtigen Bewusstsein zwischen rationalem und emotionalem Denken miteingeschlossen. Die Bilder bieten ein Deutungsfeld, das die Emotionalität in der Rationalität, die Unordnung hinter der Ordnung erkennen lässt und umgekehrt. Doch muss jeder selbst herausfinden, wie Bilder zu «öffnen» sind; weder die Gestalter noch die Vermittler besitzen da Entschlüsselungs-Vorrechte. Die Diskussionen über Bilder zeigen hier den Weg auf, der, soll er nicht das Schicksal der guten Vorsätze erleiden, mehr als nur gutmeinend beschritten werden sollte. Bildunterricht ist mindestens so nötig wie Sprachunterricht. Und wenn Schulen diese Möglichkeit nicht ausreichend beanspruchen, dann findet Schule an anderen Orten statt. Die Nachfrage ist es, die Schulen entstehen lässt, Schulen, die auch ohne Schulgebäude, ohne Schulleitung und Lehrplan schönstens florieren, wie auch alles Schulstoff werden kann.

**Quellen der Bewegung**

*Vorbilder, Vorlieben, Vorsätze und Vorurteile sind Frühwarnsysteme. Wer die Umweltverträglichkeit des Menschen verbessern möchte, studiert nicht nur Architektur, Mathematik und Informatik, sondern auch Vorbilder.*

Bilder setzen etwas in Gang. Ob sie aus der Werbung, aus der Kunst oder aus den Medien stammen, lässt noch keine Aussage über ihre Wirksamkeit zu. Viele unserer alltäglichen Bildvorstellungen lassen sich auf Bildideen – wie anfangs erwähnt – aus der Kunst zurückführen. Obwohl an der Entstehung von Kunst zu allen Zeiten nur eine Minorität beteiligt war, treten deren Bildideen, die einst recht hemdsärmelig entstanden, Jahrzehnte später ästhetisch aufgedonnert in anderen Zusammenhängen und für neue Zwecke auf. Wie diese Bilder entstanden, ist nur ausnahmsweise zu rekonstruieren. Was aber die Museen und in den Bibliotheken die Kunstbände füllt, war ursprünglich nur wenigen zugänglich. Es schwappt nach einer langen Inkubationszeit schliesslich – z.B. über die Massenmedien und Computersoftware – zu den Konsumierenden hinüber. Medienschaffende interessieren sich für Bildquellen, Vorbilder, Anregungen; sie verstehen dieses Material, das gratis zur Verfügung steht, als wertvollen, leicht veredelbaren Rohstoff. Warum sollte dies in akademischen Berufen nicht auch der Fall sein?

**Anschlussmöglichkeiten – mehr nicht**

*Ich und die Bilder, wir und die Bilder – das sind Fusionierungsmöglichkeiten, mit denen wir das Gemeinsame besser erkennen können. Kulturell suchen wir nach regionalen Eigenheiten, regionen- und länderübergreifend existieren die Probleme. Die gemeinsamen Probleme verbinden mehr als alles andere, sie können dies nur, wenn auch kleinere Einheiten für ein kulturelles Einverständnis gefördert werden.*

Das Ende der Kunst – dieses Schlagwort, oft gerade dann gebraucht, wenn sich neue Horizonte öffnen, ist gleichzeitig die Lebensversicherung der Kunst. Die momentane Inflation der Kunst ist mit der grösstmöglichen Verbreitung verbunden – möglicherweise bei Verlust jeden Zusammenhangs. Heute kann jedes Objekt (nach Duchamp) zu Kunst werden, jedes Bild (nach Warhol) im Museum auftauchen, jeder Mensch (nach Beuys) potentiell ein Künstler sein. Dass das Lernen im bildnerischen Denken zuwenig systematisch stattfindet, hängt damit zusammen, dass scheinbar alles möglich ist. Aber eben nur scheinbar, weil vieles noch unvorstellbar ist, was technisch schon eintreffen könnte. Hier geht es nicht mehr um die Verschmelzung von Kunst und Leben, sondern darum, kulturelles Wissen im bildnerischen Denken zu orten und Bilder zu verstehen als Anschlussmöglichkeiten für Kommunikationsinhalte, die noch keine Bilder zulassen. Viele der Bildschaffenden machen uns Probleme durchschaubar, zeigen uns, wie Probleme überhaupt aussehen, was noch nicht dasselbe ist wie Lösungen zu den Problemen.

Um die Form der Bilder zu finden, muss ich als erstes feststellen, in welcher Position ich mich befinde. Meine Position beeinflusst meine Wertung. (In perspektivischen Darstellungen benötigen wir den fixierten Augenpunkt als erste Orientierung. Die Perspektive gilt als statisch, solange man sie nicht aufschlüsselt. Nimmt man sich hingegen die Mühe, den Weg der Konstruktion zurückzuverfolgen, lassen sich Standorte leicht definieren. Damit wird offensichtlich, was ich wie einschätze. Der ursprünglich gewählte Augenpunkt ist immer die Anschlussmöglichkeit – und damit Standortbestimmung innerhalb des perspektivischen «einäugigen» Bildes.) Bilder ermöglichen eine Unzahl von Positionen (Wertungen), genauso wie sich unsere Blicke zersplittern zwischen den verschiedenen Ansichten aus der Bewegung. Die Collage, besser die «Technik des Zusammenklebens», zeigt auch unser Verhältnis zum Sehvorgang und zu den Bildern. Bei der Collage von einst waren die Entstehungsspuren auch gleichzeitig Hinweis, wie unbekümmert (und damit vielleicht auch sehr vorläufig) der Herstellungsvorgang und Denkprozess vonstatten ging. Die Collage, die allerdings keine Klebestellen mehr erkennen lässt, weder Skizzen- noch Notizencharakter im Erscheinungsbild offensichtlich macht, stammt aus dem Computer. Das Stammeln gerät ohne inhaltliche Veränderung unversehens ins perfekte Druckstadium. Das Bild ist wiederum die Anschlussmöglichkeit an die Welt. (Aber eben nur dann, wenn ein Zwischenstadium des Erscheinungsbildes als solches auch erkennbar ist.) Ein winziges Stück Welt zwar, aber dennoch etwas mehr, als die «Sehstrahlen» zulassen (um einen weiteren Begriff aus der perspektivischen Darstellung zu verwenden). Anschlussmöglichkeiten sind deshalb von Wichtigkeit, weil keine Schule Ganzheit vermitteln könnte. Die Werkzeuge, die es zulassen, dass etwas entdeckt, gelernt oder gestaltet wird, sind noch nicht mit Inhalten gleichzusetzen, aber es ermöglicht, Inhalten überall zu begegnen. Gerade deshalb sind Bilder unerlässlicher Bildungsinhalt.

Durch Bilder wird schliesslich nicht nur Neues entdeckt oder Altes wiederentdeckt. Durch sie erhalten wir auch eine Möglichkeit, unsere Vorlieben zu überprüfen. Reflexion, Vertiefung, Kontrolle werden angeregt, was zur Veränderung oder zur Festigung kultureller Wertsetzungen beiträgt. Es fällt uns nichts Neues aus dem Nichts zu, doch Bilder begünstigen, dass Ideen auch aus sogenannten missglückten Zeichnungen entstehen. Weil gerade das Können oft nicht für eine neue Vorstellung verantwortlich zeichnet, sondern vielmehr die unbeholfene Abweichung vom mit Können hergestellten Gewohnten, bleibt die Frage, was geglückt oder misslungen sei, nebensächlich. Uns «Gewohnheitstieren» wird es durch Bilder erleichtert, unseren eigenen Gewohnheiten gegenüber intoleranter zu sein. Das Neue erhält dadurch eine etwas grössere Chance, und sei's nur, um auch immer ernsthaft überprüft zu werden. Bilder sind Anschlussmöglichkeiten, um zu Neuem zu gelangen; ist dies nicht sehr viel?

Dieser Beitrag erschien in gekürzter und veränderter Form in «Die Zukunft beginnt im Kopf», VdF, Zürich 1994, Seite 126.

# Sinn- und Orientierungsfragen

*von Dirk Manzke und Joachim Borner*

Es gibt ein Bild von Paul Klee, das Angelus Novus heisst. Walter Benjamin interpretiert es dahingehend, dass der Engel der Geschichte im Fluge rückwärts schauend sehen muss, wie sich unablässig Trümmer da anhäufen, wo wir Menschen nur Ketten von Handlungen und Begebenheiten sehen. Er will heilen und bessern, aber ein Sturm vom Paradiese treibt ihn in die Zukunft, der er den Rücken kehrt. Fortschritt nennt Benjamin den Sturm.

Das Bauhaus gehört hinein in Klees Arbeit, wenngleich nicht in der vermuteten linearen Interpretation der von Walter Benjamin entworfenen Bildbeschreibung durch den vermutlich nun, heute, umgekehrt zu handhabenden Mythos Bauhaus als Mitkonzipienten einer globalen Misere statt als Heroen einer lichten Moderne. Und es gehört hinein ohne Verführung zur Auslegung der Symbole durch eine spätestens seit Rio veränderte Weltsicht, die etwa fragt, wofür der Engel gilt, wer den Sturm entfacht hat, der da Trümmer schafft, während er menschliche Emanzipation von der Natur zu erheischen meint, wie ausserhalb des Bildes der Flug endet.

Nein, dieses Bauhaus gehört mit dem Bild hinein in das Bild. Sowohl als geschichtliches und nicht absolutes Phänomen wie es seinen, von der üblichen Rezeption gesetzten Erscheinungsformen, der Bauhaus-Pädagogik, dem Bauhaus-Stil, dem gesellschaftstheoretischen Bauhaus-Anspruch von derselben Rezeption zugemutet wird – und dabei auch gleich noch mit unterschlägt, dass das geschichtliche Phänomen Bauhaus, der radikale ästhetische und pädagogische Bruch nur als Prozess, nur als emanzipatorische Implikation der gestalterischen und pädagogischen Praxis der einzelnen Bauhaus-Meister möglich war – als auch als geschichtliches Phänomen unserer heutigen mit den historischen Erfahrungen der neunziger Jahre des zwanzigsten Jahrhunderts ausgestatteten Interpretation des Bauhauses der Zwanziger.

Es folgt also einer nahezu riskanten Konsequenz, sich in diesen Tagen bewusst und zudem noch mit einem Grundkurs in den historisch weitreichend anerkannten und umstrittenen Raum der sozialästhetisch vertrauenden Erkenntnis zu begeben. Zumal, wenn die Umstände vergangen sind, die als Voraussetzungen dieses Zuspruchs gelten und in der historischen Übereinstimmung von gesellschaftlichen und also auch biografischen Erfahrungen des ersten Weltkrieges entstanden. Der folgende Schöpfungstaumel zwischen horizontaler Utopie und vertikaler Realität prägte nachdrücklich die Fragen und Motivationen einer Nachkriegszeit im Status «Weimarer Republik» ab 1919 bis hin zum Machtantritt der Nazis im Januar 1933.

Die Botschaft eines zu bessernden und besserbaren Menschen war naheliegend. Sie wurde hier in Dessau zur formbewussten Zusammenfassung und pädagogischen Leitmethodik einer umfassenden Synthese aus Mittelalter und Aufklärung. In ihr liegt die faszinierende Legitimation, die uns Heutige noch immer zum respektvollen Auftrag und zur kritischen Herausforderung provoziert.

Die Räume des Dessauer Bauhaus-Gebäudes implizieren nachdrücklich Einsicht in das damals ungebrochene Vertrauen auf einen geradlinig vorzukonzipierenden Fortschritt, der in Gestalt des freien Grundrisses und dessen vorgehängter Fassade Offenheit und Transparenz um so radikaler suggeriert. Diese Unbedingtheit eines klaren ästhetischen Prinzips zwingt heute notwendig zur Einsicht in die Geschichtlichkeit und Herkunft heutigen Gestaltens.

Darin darf dann auch eine erweiterte Chance zum Grundkurs am Bauhaus gesehen werden. Die inzwischen gängige Forderung nach Interdisziplinarität wird um einen eher imaginären Anteil erweitert: durch die permanente Anwesenheit des realisierten Manifestes der Moderne in besonderer Gestalt des Glaskubus und deren symbolischer Transzendenz.

Die Hoffnung auf Erziehbarkeit fand seine reale Verwirklichung in der pädagogisch streitbaren Idee des Vorkurses. Die Studierenden wurden in einer ersten, man darf sagen «prüfenden Empfänglichkeitsphase» an persönliche Situative herangeführt. Sinnliches Erfassen und geistiges Erkennen bildeten ein Aufeinanderbezogensein, in dessen Abfolge es in seiner Zeit durchaus zu geometrisch gestalteten Normativen kam. Diese haben sich intensiv analytischen Formfragen gewidmet. Ein zur Formbefähigung gefordertes Berufsverständnis des Gestalters, das den industriell-funktionalen Aktualitäten folgen sollte, wurde entwickelt. In diesem vordergründig analytischen Überprüfen des Gestaltbaren lag dann auch der Ansatz gestalteter Disziplinierung, der noch in seiner Strenge unterscheiden wollte zwischen Möglichkeit und Ausschluss. Produktion und Produkt bildeten den konkreten Binder, um über die Sozialitäten der Lebensgestaltung derer nachzudenken, die einmal Nutzer dieser Produkte sein sollten. Dabei stand der Bau als letztes Gestaltanliegen in der Mitte der Aufmerksamkeit.

Man kann also verkürzt formulieren, dass ein Bemühen entwickelt wurde, jeden sozialen Imperativ in die ästhetische Konkretion eingehen zu lassen.

Mit dem heutigen Abstand lässt sich aus diesem Bemühen durchaus eine gewisse soziale Formvielfalt ablesen, deren visuelle Realität sich eher aus ihrer Variierbarkeit erschliesst.

Die heutigen Verantwortlichen des Bauhauses, seit 1994 im Status einer Stiftung, haben in ihrer Satzung sehr wohl den Auftrag, Erben dieser Meister zu sein, jedoch in einer ganz bestimmten Weise: Das Bauhaus der zwanziger Jahre agierte als Impulsgeber zur Veränderung von Lebensformen. Das, und nicht der blinde Versuch, im Getümmel der Gestaltungs- und Kunstschulen eine «nur» ästhetische Nachfolge der alten Bauhäusler antreten zu wollen, ein Konservatorium des Abglanzes zu errichten, ist der Punkt für einen neubestimmten Anfang im Flair des Baus und in der Nachfolge heute um so notwendiger gewordener Sinn- und Orientierungssuche.

Sich also mit einem Grundkurs in historische Gefüge dieser Ansätze zu begeben, verlangt konkrete Beziehungsaufnahme dort zu wagen, wo die Wege ausgetreten scheinen. Man riskiert dann auch die permanente Anwesenheit des historisch folgerichtigen Vorkurses. Ein Grundkurs braucht nicht und kann nicht unbelastet konzipiert werden. Jene Behauptung, dass die Ursachen, die ihn notwendig gemacht haben, geblieben sind, muss also zur Nachdrücklichkeit seiner Anwesenheit auffordern. Immer wird sich seine Nuancierung in jeweiliger Entsprechung aus einem Teil historischer Verfügbarkeit und einem Teil künftiger Verfügung entwickeln.

Damit steht die immer wieder neu zu formulierende Frage nach einer Entsprechung mit den Anforderungen jeder Zeit und ihrer Wesenheit als notwendiges Gegenwärtigsein.

Zugleich muss sich ein Grundkurs der neunziger Jahre aber auch aus der Abwesenheit dessen erklären können, was in der manifestativen Leistung der Moderne-Bewegung eben nicht realisiert werden konnte. Hier, in dem geografisch definierten Raum der Region um Dessau, in dem neben gärtnerisch gestalteten Kulturlandschaften industrielle Ballungszentren entstanden und wo eben auch das Bauhaus-Gebäude steht, hier ist sein historischer Konflikt offenkundig. Transparenter als anderswo sind die gesellschaftlichen Folgen: wachsende Zweifel an der Tauglichkeit traditioneller gesellschaftlicher Regulierungs- und Gestaltungsmittel von Entwicklung gegenüber einer viel komplexeren, vernetzten und vor allem restriktionsbeladenen Realität und einer neuen Dimension von Raum und Zeit, in der sich Städte und Regionen und darin das Individuum bewegen.

Hier erscheint der Baustein eines Grundkurses Aufforderung zu sein, Angemessenheit und Mass neu zu entwickeln.

Dass dabei die neueren Medien unbedingt als eine Chance zu erkennen sind und ihnen diese auch abzuverlangen ist, erweitert die formalen Möglichkeiten bezüglich sozialer Entsprechungen und deren notwendiger Gestaltung. Analytische Fähigkeiten werden in erweiterter Weise beansprucht. So steht das Handwerkliche des beispielsweise Zeichnerischen als Möglichkeit neben dem hochindustriellen Produkt einer Videokamera. Beide werden als Angebot begriffen, das zur jeweiligen gestalterischen Entsprechung und Auswahl auffordert. Darin wird das Vermögen zu notwendiger Unterscheidung provoziert; kulturelle Entscheidungsfähigkeit sinnbildend gefragt und befragt.

Solche erweiterten Methoden setzen auf ein Lernen und Kommunizieren, das ein in intensiver Auseinandersetzung verantwortliches Erfassen von Problemen abverlangt. Darin wird zudem ein Lehrmodell sichtbar, das sich als Gegenteil von dem gibt, was im deutschsprachigen Raum als Aus-Bildung dominiert: die Ab-

Bildung und Verfestigung eines fragmentierten, sektoralen Menschen, dessen Wahrnehmungs- und Erlebnisfähigkeit durch «autorisierte» Rezepturen zur Massen-Bildung normiert wird. Dabei sind die einzigen noch vermittelbaren Werkzeuge, die es im konstatierten Wandlungsprozess der Gesellschaften noch lohnt, dauerhaft anzueignen, die aufgaben- und problemgerechten Denk- und Gestaltungsmethoden ohne erlebbar sinnbildenden Sinnlichkeitsgehalt. Wo Rezepte versagen, unreflektiert übernommen werden oder in ihren Auswirkungen immer mehr unbeabsichtigte Resultate erzeugen, schafft die individuelle Fähigkeit zur sensiblen Bewertung selbst wahrgenommener Phänomene und der Ableitung der eigenen Handlungskompetenz Hoffnung auf ein Bewältigen rasanter Veränderungen.

Die Gleichzeitigkeit von historischer Anwesenheit und Abwesenheit erfordert gerade am Bauhaus in Dessau Herkunft und Hinkunft, Nähe und Distanz, Komplexität und Ausschnitt. Darin müssen sich unnachgiebig und immer wieder erneut auch die Fragestellungen entwickeln:

Wie lassen sich Methoden für ein sinnliches Erfahren entwickeln, das Ungesichertes sichert und Sicheres verunsichert?

Durch welche Methoden kann Lernen auch als Fehlerquelle und insofern als eine alltägliche Aufforderung zum Neuanfang begriffen werden?

«Nicht Fische schenken, sondern das Angeln beibringen» – die eigentlich banale Aussage von Peter Jenny wird zur Weisheit nicht nur angesichts der grundkursfreien Ausbildungslandschaft. Sie wird zum Credo gegenüber einer alltäglichen Gestaltungskultur, die wohl als Markenzeichen der Ausbildung gelten kann.

Peter Jenny bestimmt Gestaltung als Resultat von Veränderung, Nachahmung und Abgrenzung. Seine Arbeit am Bauhaus ist selbst solch ein Gestaltungsprozess.

Dirk Manzke ist Architekt und freier Mitarbeiter am Bauhaus Dessau.

Dr. Joachim Borner ist berufener Leiter der Interdisziplinären Akademie am Bauhaus Dessau.

# Anhang

In den Jahren 1992 und 1994 konzipierte ich an der ETH Zürich für das Bauhaus Dessau zwei Grundkurse für Gestaltung. Die Unterrichtsblöcke (Skizze, Fotografie, Video, Intermedia) wurden für Studierende mit den unterschiedlichsten Vorbildungen und kulturellen Voraussetzungen konzipiert. Parallel zu den Kursen präsentierten wir mehrere Ausstellungen, die ich mit ergänzenden Vorträgen vertiefte. Ohne Hilfe und engagierte Mitarbeit von Assistentinnen und Assistenten, die jeweils eine medienspezifische Unterrichtswoche begleiteten, wäre eine Durchführung der Aktivitäten kaum realisierbar gewesen. Ihnen möchte ich hier ganz herzlich danken.

Im ersten Kurs waren Chris Hunziker und Urs Bachofen für die ganze Unterrichtszeit am Bauhaus; Urs Bachofen war ausserdem auch während des zweiten Kurses als ständiger Kursbegleiter im Team. Ihre verdankenswerte Mitarbeit machte die von mir angestrebte pädagogische Kontinuität erst möglich.

Assistenten:
Mike Arn, Urs Bachofen, Antonia Banz, Manette Briner, Camilla Früh, Lars Hellman, Peter Heuss, Jürg Huber, Chris Hunziker, Thomas Kissling, Tom Menzi, Markus Pawlick, Nicolai Rauch, Hannes Rickli, Kaspar Rutishauser, Regula Schaffer, Dieter Schürch, Anne-Marie Siegrist-Thummel, Christian Theiler, Ernst Thoma, Gabi Weiss, David Weisser.

Dank gebührt dem Regierungsrat des Kantons Glarus sowie den Firmen Leica und USM Haller. Die finanzielle Unterstützung und ihr Entgegenkommen erleichterten die Durchführung der Projekte am Bauhaus.

Studierende am Bauhaus Kurs Oktober 1992:
Elke Arnold, Susanne Becker, Anne-Kathrin Berger, Jens Blume, Frédéric-Alexander Devenoge, Jürgen Dorn, Mario Elsner, Elke Horstmann, Dimitri Isaev, Frank Jugen, Peer Jugen, Katrin Kaltofen, Moritz May, Sisay Minda, Peter Andreas Müller, Astrid Pier, Roman Rossberg, Joakim Sandahl, Wolfgang Schneider, Holger Sieg, Tilman Stachat, Markus Töpfer, Knut Winkler.

Studierende am Bauhaus Kurs Oktober 1994:
Dörte Ackermann, Stefanie Amrein, Silvia Betulius, Gisela Bitterli-Jochimsen, Anne Greet Bittermann, Thomas Bogisch, Michael Burtscher, Cornelia Maria Dollacker, Andreas Geeser, Christiane Glanzmann, Barbara Gschwind, Annick Hess, Gunter Hildebrandt, Rebekka Huber, Rita Illien, Regula Kopp, Markus Lücker, Liz Mields-Kratochwil, Maren Mögel, Els Nouwen, Rumen Kirilov Janev, Alexander Schilling, Regina Schineis, Georges Uittenhout, Hildegard Winkler, Martin Zimmermann.

Arbeiten von Studierenden der ETH:
Christoph Peter Altermatt, Elisabeth Baier, Claudia Bischofberger, Philipp Catoir, Mark Darlington, Sonja Dérobert, Maggie Fringer, Philipp Funk, Patricia Geiger, Thomas Gygax, Michel Holthuizen, Stephan Hürlemann, Fawad Kazi, Serge Klammer, Philipp Knupp, Maja Koldrt, Nora Lippuner, Christian Maeder, Markus Mangler, Lukas Matter, Felix Müller, Ralph Müller, Emmanuel Petit, Rahel Probst, Hubertus Rammer, Lukas Ricklin, Philipp Röösli, Michéle Rüegg, Michael Schmidt, Andrea Stöhr, Markus Tubbesing, Martina Voser, Henning Wensch, Gabriel Wyss, Carlo Zampieri, Michael Zürcher.

## Von Peter Jenny sind erschienen:

«Sign and Design/Zeichnen und Bezeichnen», ETH Zürich und Carpenter Center for the Visual Arts, Harvard University, Cambridge, Massachusetts, 1981, vergriffen.

«Notizen zur Fototechnik» (Hrg.), vdf, Hochschulverlag an der ETH Zürich, 7., überarbeitete Auflage 1996.

«QUER/AUG/EIN», Kreativität als Prozess, Verlag der Fachvereine, Zürich, 1989, vergriffen.

«Die sensuellen Grundlagen der Gestaltung», Texte und Bilder zur Bildung von persönlichen Prozessen der Mitgestaltung, Verlag der Fachvereine, Zürich, 1992, vergriffen.

«Farbhunger», Texte und Bilder zur Aufhebung der Gewaltenteilung zwischen Wort und Farbe, Begriff und Anschauung, Verlag der Fachvereine, Zürich, und B. G. Teubner Verlag, Stuttgart, 1994.

«Bildrezepte», Die Suche des ordnungsliebenden Auges nach dem zum Widerspruch neigenden Gedanken, vdf, Hochschulverlag an der ETH Zürich, und B. G. Teubner Verlag, Stuttgart, 1996.